"十二五"普通高等教育本科规划教材

材料现代分析测试实验 第二版

张庆军 主编 马雪刚 崔志敏 副主编

EXPERIMENT OF
MODERN
MATERIALS
ANALYSIS

化学工业出版社
·北京·

本教材以常用的分析手段和方法为切入点，结合先进的设备型号和研究人员的使用经验，内容由浅入深、循序渐进，使学生掌握材料的各种先进的现代分析方法，掌握初步的样品制备的方法和技巧，培养学生从理论到实践的能力，提高学生的综合研究能力和创新能力。本教材内容包括衍射分析方法、电子显微分析方法、光谱分析方法、综合热分析仪、高温过程分析等先进分析手段和方法的实践教学，使学生掌握现代分析方法的基本原理、实验过程、仪器结构及应用特点，提高分析技能。

本书设计了 33 个测试分析实验，涉及衍射分析、电子显微分析、光谱分析、热分析、粒度、孔隙分析等 20 种大型通用设备。本书可作为高等学校材料或相关专业的本科生和研究生的实验指导书、自主测试培训教材，也可以为其他专业人员提供参考。

图书在版编目（CIP）数据

材料现代分析测试实验/张庆军主编. —2 版. —北京：
化学工业出版社，2014.12（2025.2 重印）
"十二五"普通高等教育本科规划教材
ISBN 978-7-122-22407-1

Ⅰ.①材… Ⅱ.①张… Ⅲ.①工程材料-分析方法-
实验-高等学校-教材②工程材料-测试技术-实验-高等学校-教材 Ⅳ.①TB3-33

中国版本图书馆 CIP 数据核字（2014）第 279799 号

责任编辑：杨 菁　　　　　　　　　文字编辑：徐雪华
责任校对：王 静　　　　　　　　　装帧设计：刘剑宁

出版发行：化学工业出版社（北京市东城区青年湖南街 13 号　邮政编码 100011）
印　　装：北京科印技术咨询服务有限公司数码印刷分部
787mm×1092mm　1/16　印张 13　字数 329 千字　2025 年 2 月北京第 2 版第 7 次印刷

购书咨询：010-64518888　　　　　　　　售后服务：010-64518899
网　　址：http://www.cip.com.cn
凡购买本书，如有缺损质量问题，本社销售中心负责调换。

定　价：49.00 元

前　言

材料分析的基本原理是测量信号与材料结构、形貌、性质等的特征关系。采用各种不同的测量信号形成了很多不同的材料分析方法。材料现代分析包括材料的结构、形貌、物理化学性质、制备过程的物理化学变化以及材料的性能等多方面的分析，材料分析测试除了需要掌握相应测试方法的基本原理和测试基础知识外，它还是一门实践性非常强的科学，需要对仪器结构、实验原理、实验方法、仪器特点和设备操作等方方面面有深刻的了解，这样才能得到准确可信的结果，而正确的结果对于科学研究和重要发现是极其重要的，现代材料的许多重要进步都和测试方法的进步、测试手段的更新和测试技巧的创新分不开的。

材料现代分析测试技术和手段在材料的研究过程中发挥着越来越重要的作用，材料科学的进展越来越依赖于现代测试分析技术的发展，作为一名从事材料科学研究和教学或从事与材料研发、生产相关的人员，熟悉和掌握材料现代分析测试实验技术是必不可少的科学素养。随着高等院校、科研院所、大型企业对科学分析仪器的投入增加，科技人员对分析设备的需求和依赖越来越大，科技人员和研究生已经不再满足于实验室仪器使用人员提供的数据，很多单位已经开展自主测试的工作并进行深入的设备应用培训，既能使实验室管理人员有更多的精力投入设备深层次应用的开发，也能使科研人员和研究生得到进一步的培养，提高研究能力。河北联合大学分析测试中心已经开展了多年的自主分析测试工作，这项工作的深入使设备利用率、设备的管理维护水平、仪器深层次使用的开发水平和科研人员的仪器应用水平都有了极大提高，为此我们设计了一整套分析测试实践教学的环节，实验教材就是其中重要的一环。本教材以常用的分析手段和方法为切入点，结合先进的设备型号和研究人员的使用经验，操作步骤详尽，对典型的图谱进行了初步分析，由浅入深，既适合作为实验指导书，也适合结合设备型号自主学习。

本书由张庆军主编，马雪刚、崔志敏副主编。李远亮编写实验一至五、二十六，崔志敏编写实验六至九、二十四、二十五，马雪刚编写实验十至十三、二十至二十三，桑蓉栎编写实验十四、十五、二十七、二十八，陈颖编写实验十六至十九，严春亮编写实验二十九至三十一，张庆军编写实验三十二、三十三。

编写一部适用的实验教材需付出长期的研究和努力，我们在多年工作的基础上进行了初步尝试，恳请读者对书中不妥之处予以批评指正。

编者

2014 年 10 月

目　录

实验一

X射线衍射仪的构造及原理

实验目的

1. 了解 X 射线衍射仪的构造与操作原理。
2. 了解 X 射线衍射仪分析的过程及步骤。
3. 掌握 X 射线衍射仪分析样品的制备方法。
4. 了解 X 射线的安全防护规定和措施。

实验原理

一、X 射线衍射仪的构造与原理

记录、研究物质的 X 射线图谱的仪器基本组成部分是：X 射线源、样品及样品位置取向的调整机构或系统、衍射线方向和强度的测量系统、衍射图的处理分析系统。对于多晶 X 射线衍射仪，主要由以下几部分构成：X 射线发生器、测角仪、X 射线探测器、X 射线数据采集系统和各种电气系统、保护系统。

图 1-1 是日本理学公司 PC2500 X 射线多晶衍射仪的构成方块图。

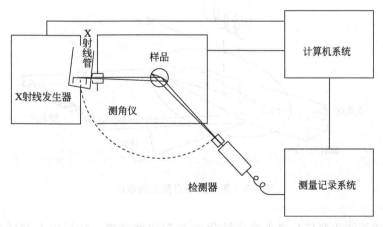

图 1-1　X 射线衍射仪的结构图

X 射线多晶衍射仪的 X 射线发生器是高稳定度的。它由 X 射线管、高压发生器、管压管流稳定电路和各种保护电路等部分组成。

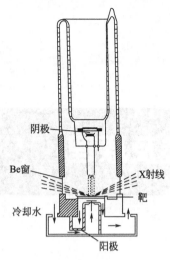

图 1-2 转靶式衍射用
X 射线管结构示意图

现代衍射用的 X 射线管都属于热电子二极管，有密封式和转靶式两种。前者最大功率在 2.5kW 以内，视靶材料的不同而异；后者是为获得高强度 X 射线而设计的，一般功率在 10kW 以上。PC2500 衍射仪使用转靶式 X 射线管。

转靶式 X 射线管的结构如图 1-2 所示。阴极接负高压，阳极接地。灯丝罩起着控制栅的作用，使灯丝发出的热电子在电场的作用下聚焦轰击到靶面上。阳极靶面上受电子束轰击的焦点便成为 X 射线源，向四周发射 X 射线。在阳极一端的金属管壁上一般开有四个射线出射窗，X 射线就从这些窗口往管外发射。密封式 X 射线管除了阳极一端外，其余部分都是玻璃制成的。管内真空度达 $10^{-5} \sim 10^{-6}$ 托（Torr，即 mmHg，1mmHg＝133.322Pa），高真空可以延长发射热电子的钨质灯的寿命，防止阳极表面污染的发展。早期生产的 X 射线管一般用云母片作窗口材料，而现在的衍射用射线管窗口都用 Be 片（厚 0.25～0.3mm）作密封材料，对 MoKα、CuKα、CrKα 分别具有 99％、93％、80％左右的透过率。

阳极靶面上受电子束轰击的焦点呈细长的矩形状（称线焦点或线焦斑），从射线出射窗中心射出的 X 射线与靶面的掠射角为 6°，因此，从出射方向相互垂直的两个出射窗观察靶面的焦斑，看到的焦斑的形状是不一样的（图 1-3）。从出射方向垂直焦斑长边的两个出射窗口观察，焦斑成线状称为线光源；从另外两个出射窗口观察，焦斑如点状称为点光源。粉末衍射仪要求使用线光源，因此，在衍射仪每次安装管子的时候，必须辨别所使用的 X 射线出射窗是否为线焦点方向（管子上有标记）。此外，还要求测角仪或相机相对于靶面平面要有适当的倾斜角。

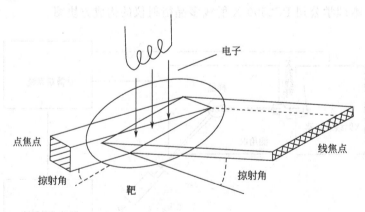

图 1-3 线焦点与点焦点的取出

X 射线管消耗的功率只有很小部分转化为 X 射线的功率，99％以上都转化为热而消耗掉，因此 X 射线管工作时必须用水流从靶面后面加以冷却，以免靶面熔化毁坏。为提高靶与水的热交换效率，冷却水流是用喷嘴喷射在电子焦点的背面上的，流量要求＞3.5L/min。X 射线发生器的停水报警保护电路必须可靠。

二、测角仪的构造及光路系统

1. 测角仪的构造

测角仪是衍射仪的最精密的机械部件，是 X 射线衍射仪测量中最核心部分，用来精确测量衍射角。测角仪的结构如图 1-4 所示。

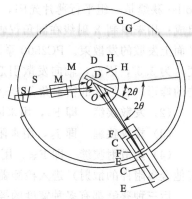

样品台（小转盘 H）与测角仪圆（大转盘 G）同轴（中心轴 O 与盘面垂直）；X 射线管靶面上的的线状焦斑（S）与 O 轴平行；接收光阑（F）与计数管（C）共同安装在可围绕 O 轴转动的支架上；处于入射线与样品（D）之间的入射光阑（M）包括梭拉狭缝（S_1）与发散狭缝（K）（图中未画出），S_1 与 K 分别限制入射线的垂直（方向）与水平（方向）发散度；样品与接收光阑间有防散射狭缝（L）与梭拉狭缝（S_2）（图中未画出），S_2 限制衍射线垂直发散度，而 L 与 F 限制衍射线水平发散度；S、S_1、K、D、L、S_2 及 F 构成了测角仪的光学布置，S 发出的具有一定发散度的 X 射线经 S_1 与 K 后照射到样品 D 上，产生的衍射

图 1-4 X 射线测角仪结构示意图
C—记数管；D—样品；E—支架；
F—接收（狭缝）光阑；
G—大转盘（测角仪圆）；
H—样品台；M—入射光阑；
O—测角仪中心；S—管靶焦

线经 L、S_2 后在光栏 F 处聚焦，然后进入计数管 C。衍射实验过程中，安装在 H 上的样品（其表面应与 O 轴重合）随 H 与支架 E 以 1：2 的角速度关系联合转动，以保证入射角等于反射角；连动扫描过程中，一旦 2θ 满足布拉格方程（且样品无系统消光时），样品将产生衍射线并被计数光管接收转换成电脉冲信号，经放大处理后通过纪录仪描绘成衍射图。

2. 测角仪的光路系统

PC2500 型衍射仪的测角仪光路系统如图 1-5 所示。

测角仪光路上配有一套狭缝系统。

（1）Sollar 狭缝 即图 1-5 中的 S_1、S_2，各设在射线源与样品和样品与检测器之间。

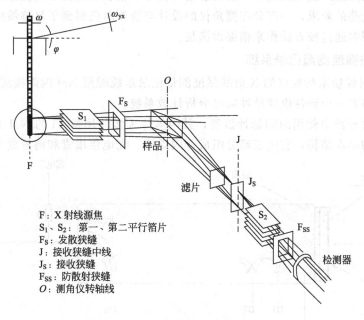

F：X 射线源焦
S_1、S_2：第一、第二平行箔片
F_S：发散狭缝
J：接收狭缝中线
J_S：接收狭缝
F_{SS}：防散射狭缝
O：测角仪转轴线

图 1-5 测角仪的光路系统

Sollar 狭缝是一组平行薄片光阑，由一列平行等距离的，平面与射线源焦线垂直的金属薄片组成；用来限制 X 射线在测角仪轴向方面的发散，使 X 射线束可以近似地看作仅在扫描圆平面上发散的发散束。PC2500 系列衍射仪的 Sollar 狭缝的全发射角（2×薄片间距/薄片长度）为 3.5°，因此，轴向发散引起的衍射角测量误差较小，峰形畸变也较小，可以获得较佳的峰形，有较佳的衍射角分辨率。

（2）发散狭缝　即 Fs，用来限制发散光束的宽度。

（3）接收狭缝　即 Js，用来限制所接收的衍射光束的宽度。

（4）防散射狭缝　即 Fss，用来防止一些附加散射（如各狭缝光阑边缘的散射，光路上其他金属附件的散射）进入检测器，有助于减低背景。

后三种狭缝都有多种宽度的插片可供使用时选择。

整个光路系统满足如下要求：

（1）发散、接收、防散射等各狭缝的中线、X 射线源焦线以及 Sollar 狭缝的平行箔片的法线等均应与衍射仪轴平行。并且它们的高度的中点以及检测器的窗口中心、样品的中心、滤片的中心等均应同在衍射仪的扫描平面上。发散、接收、防散射等狭缝的中线位置不因更换狭缝插片（改变狭缝的宽度）而改变。

（2）自 X 射线源焦线 F 到衍射仪轴 O 的距离和 O 到接收狭缝中线 J 的距离相等：$FO=OJ$ 以 F、O、J 三者严格共一平面时的位置作为 2θ 等于零度的位置。发散狭缝的中线亦应在这个平面上。

（3）样品表面平面以轴 O 转动，且恒与 O 重合。当 J 作连续扫描时，其转动的角速度与样品表面转的角速度之比为 2∶1，以样品表面平面与 F 及 J 严格共一平面时的位置为接收狭缝对样品作 2∶1 跟随转动的起始位置（亦称 θ 的零度位置）。在这个位置上入射 X 射线光束正好掠过样品表面。

当上述要求满足后，则无论入射 X 射线束对样品表面取为怎样的 θ 角，衍射的 X 射线束都能近似地聚焦进入接收狭缝中，而衍射角 θ 就等于接收狭缝自零度位置起转过的角度的一半。这些对光路的要求，一部分在测角仪的设计与装配时已得到了足够精度的满足，而有一些则需在使用时通过校直操作来精细地满足。

三、X 射线强度测量记录系统

PC2500X 射线粉末衍射仪的 X 射线强度测量记录系统配用 NaI 闪烁检测器，由放大器、分析器、计数率表三个插件组成脉冲幅度分析计数系统。

X 射线衍射分析中使用的闪烁计数管，其闪烁体大多使用掺 Tl 的 NaI 晶体。图 1-6 示出闪烁计数管的基本结构，它由三部分组成：闪烁体、光电倍增管和前置放大器。

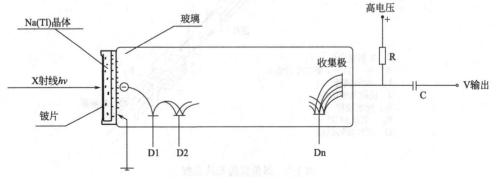

图 1-6　闪烁计数管的工作原理

闪烁体是掺 0.5% 左右 Tl 作为激活剂的 NaI 透明单晶体的切片，厚约 1～2mm。晶体密封在一个特制的盒子里，防止 NaI 晶体受潮损坏。密封盒的一个面是薄铍片不透光，用作接收射线的窗；另一面是对蓝紫色光透明的光学玻璃片。密封盒的透光面紧贴在端窗式的光电倍增管的光电阴极窗上面，界面上涂有一薄层光学硅脂以增加界面的光导率。NaI 晶体被 X 射线激发能发出 4200Å（蓝紫色，1Å=0.1nm）的可见光。每个入射 X 射线量子将使晶体产生一次闪烁。每次闪烁激发倍增管光电阴极产生光电子，这些一次光电子被第一级打拿极收集并激发出更多的二次电子，再被下一级打拿极收集，又倍增出更多的电子。光电阴极发射的光电子经 10 级打拿极的倍增作用后，最后收集极能获得约 10^5 倍的电荷，从而形成可检测的电脉冲信号。

目前，闪烁计数管仍是各种晶体 X 射线衍射工作中通用性最好的检测器。它的主要优点是：对于晶体 X 射线衍射工作使用的各种 X 射线波长，均具有很高的以至 100% 的量子效率；稳定性好；使用寿命长。此外，它具有很短的分辨时间（10^{-7}s 级），因而实际上不必考虑检测器本身所带来的计数损失；对晶体衍射用的软 X 射线也有一定的能量分辨力。因此现在的 X 射线衍射仪大多配用闪烁计数管。

四、X 射线的防护

X 射线对人体组织能造成伤害。人体受 X 射线辐射损伤的程度，与受辐射的量（强度和面积）和部位有关，眼睛和头部较易受伤害。衍射分析用的 X 射线（属"软"X 射线）比医用 X 射线（属"硬"X 射线）波长长，穿透弱，吸收强，故危害更大。所以，每个实验人员都必须牢记：对 X 射线"要注意防护！"。人体受超剂量的 X 射线照射，轻则烧伤，重则造成放射病乃至死亡。因此，一定要避免受到直射 X 射线束的直接照射，对散射线也需加以防护，也就是说，在仪器工作时对其初级 X 射线（直射线束）和次级 X 射线（散射 X 射线）都要警惕。前者是从 X 射线焦点发出的直射 X 射线，强度高，在 X 射线分析装置中通常它只存在于限定的方向中。散射 X 射线的强度虽然比直射 X 射线的强度小几个数量级，但在直射 X 射线行程附近的空间都有散射 X 射线，所以直射 X 射线束的光路必须用重金属板完全屏蔽起来，即使小于 1mm 的小缝隙，也会有 X 射线漏出。

防护 X 射线可以用各种铅的或含铅的制品（如铅板、铅玻璃、铅橡胶板等）或含重金属元素的制品，如高锡含量的防辐射有机玻璃等。

按照射线防护的规定，以下的要求是必须遵守的：

（1）每一个使用 X 射线的单位须向卫生防疫主管部申办"放射性工作许可证"和"放射性工作人员证"；负责人需经过资格审查。

（2）X 射线装置防护罩的泄漏射线须符合防护标准的限制：在距机壳表面外 5cm 处的任何位置，射线的空气吸收剂量率须小于 2.5μGy/h（Gy，戈瑞，吸收剂量单位）。在使用 X 射线装置的地方，要有明确的警告标记，禁止闲人进入。

（3）X 射线操作者要使用防护用具。

（4）X 射线操作者要具备射线防护知识，要定期接受射线职业健康检查，特别注意眼科、皮肤、指甲和血象的检查，检查记录要建档保存。

（5）X 射线操作者可允许的被辐照剂量当量定为一年不超过 5 雷姆或三个月不超过 3 雷姆（考虑到全身被辐照的最坏情况而作的估算）。

衍射实验方法

X 射线衍射实验方法包括样品制备、实验参数选择和样品测试。

一、样品制备

在衍射仪法中，样品制作上的差异对衍射结果所产生的影响，要比照相法中大得多。因此，制备出符合要求的样品，是衍射仪实验技术中重要的一环，通常制成平板状样品。衍射仪均附有表面平整光滑的玻璃的或铝质的样品板，板上开有窗孔或不穿透的凹槽，样品放入其中进行测定。

1. 粉晶样品的制备

（1）将被测试试样在玛瑙研钵中研成 $10\mu m$ 左右的细粉；

（2）将适量研磨好的细粉填入凹槽，并用平整的玻璃板将其压紧；

（3）将槽外或高出样品中板面的多余粉末刮去，重新将样品压平，使样品表面与样品板面平整光滑。若是使用带有窗孔的样品板，则把样板放在一表面平整光滑的玻璃板上，将粉末填入窗孔，捣实压紧即成；在样品测试时，应使贴玻璃板的一面对着入射 X 射线。

2. 特殊样品的制备

对于金属、陶瓷、玻璃等一些不易研成粉末的样品，可先将其锯成窗孔大小，磨平一面、再用橡皮泥或石蜡将其固定在窗孔内。对于片状、纤维状或薄膜样品也可取窗孔大小直接嵌固在窗孔内。但固定在窗孔内的样品其平整表面必须与样品板平齐，并对着入射 X 射线。

二、测量方式和实验参数的选择

1. X 射线波长的选择

选择适用的 X 射线波长（选靶），是实验成功的基础。实验采用一种靶的 X 射线管，要根据被测样品的元素组成。选靶的原则是：避免使用能被样品强烈吸收的波长，否则将使样品激发出强的荧光辐射，增高衍射图的背景。根据元素吸收性质的规律，我们可以记住下面的选靶规则：X 射线管靶材的原子序数要比样品中最轻元素（钙及比钙更轻的元素除外）的原子序数小或相等，最多不宜大于1。

2. 狭缝的选择

狭缝的大小对衍射强度和分辨率都有影响。大狭缝可得到较大的衍射强度，但降低分辨率，小狭缝提高分辨率但损失强度，一般如需要提高强度时宜选大些的狭缝，需要高分辨率时宜选用小些的狭缝，尤其是接收狭缝对分辨率影响更大。每台衍射仪都配有各种狭缝以供选用。其中，发散狭缝的目的是为了限制光束不要照射到样品以外地方，以免引起大量的附加的散射或线条；接受狭缝是为了限制待测角度附近区域上的 X 射线进入检测器，它的宽度对衍射仪的分辨力、线的强度以及峰高/背底比起着重要作用；防散射狭缝是光路中的辅助狭缝，它能限制由于不同原因产生的附加散射进入检测器。表 1-1 列出了扫描的起始角（2θ）与发射狭缝的孔角 α 的关系。

表 1-1　扫描的起始角（2θ）与发散狭缝的孔角 α

发散狭缝孔角 α	所适用的最低 2θ 角/（°）	相应的最大间距 $d/\text{Å}$		
		$MoK\alpha$	$CuK\alpha$	$CoK\alpha$
$10'$（1/6 度）	2.9	14.0	29.5	34
$30'$（1/2 度）	8.5	4.8	10.4	12
$1°$	17.0	2.4	5.2	6.05
$2°$	34.5	1.2	2.6	3.0
$3°$	56.2	0.8	1.6	1.9
$4°$	72.8	0.6	1.3	1.5

注：扫描半径 $R=180mm$；$L=20mm$。

3. 测量方式选择

衍射仪测量方式有连续扫描和步进扫描法。不论是哪一种测量方式，快速扫描的情况下都能相当迅速地给出全部衍射花样，它适合于物质的预检，特别适用于对物质进行鉴定或定性估计。对衍射花样局部做非常慢的扫描，适合于精细区分衍射花样的细节和进行定量的测量。例如混合物相的定量分析，精确的晶面间距测定、晶粒尺寸和点阵畸变的研究等。

(1) 定速连续扫描　试样和接收狭缝按 1：2 的角速度比均以固定速度转动。在转动过程中，检测器连续地测量 X 射线的散射强度，各晶面的衍射线依次被接收。PC2500 系列的衍射仪均采用步进电机来驱动测角仪转动，因此实际上转动并不是严格连续的，而是一步（每步 0.0025°）一步地跳跃式转动的。这在转动速度慢时特别明显。但是检测器及测量系统是连续工作的。

连续扫描的优点是工作效率较高。例如：扫描速度每分钟 10°（2θ），扫描范围为 20°～80° 的衍射图 6min 即可完成，而且也有不错的分辨率、灵敏度和精确度，因而对大量的日常工作（一般是物相鉴定工作）是非常合适的。但在使用长图记录仪录图时，记录图会受计数率表 RC 的影响，须适当地选择时间常数。

(2) 定时步进扫描　试样每转动一定的 Δθ 就停止，然后测量记录系统开始工作测量一个固定时间内的总计数（或计数率），并将此总计数与此时的 2θ 角即时打印出来，或将此总计数转换成计数率用记录仪记录。然后试样再转动一定的 Δθ 再进行测量。如此一步步进行下去，完成衍射图的扫描。

(3) 数字记录时采样条件的选择　用计算机进行衍射数据采集时，可选定速连续扫描方式，也可以选定时步进扫描方式。这两种方式都要适当选择采集数据的"步长"（或称"步宽"）。采样步长小，数据个数增加；每步强度总计数小，计数误差大；但能更好地再现衍射的剖面图。采样步长大，能减少数据的个数，减少数据处理时的数据量；每步强度总计数较大，计数误差较小；但若步长过大，将影响衍射剖面图的再现。为保证衍射峰的检出，采样步宽不能大于衍射峰半高全宽（FWHM）的 1/2。

衍射仪的工作条件对仪器 2θ 分辨能力和衍射强度的影响可从表 1-2 中清楚地看到。若干典型的记录目的与衍射仪实验条件的选择列于表 1-2 中，可供参考。一般使用 0.1～0.2mm 宽的接收狭缝，扫描速度 1°/min（2θ）和时间常数 1s，已能得到很好分辨能力的衍射图了，而所费时间也不算太多。

表 1-2　记录目的与衍射仪工作条件的选择

记　录　目　的	发散狭缝/(°)	接收狭缝/mm	扫描速度/(°/min)	时间常数/s	样品厚度
1. 为定性鉴定样品的主要组分，记录大角度范围的衍射图	2（中等）	0.2～0.6（中到大）	2 或 4	约 1	厚
2. 为定性鉴定样品的少量组分，记录大角度范围的衍射图	4（大）	0.2～0.4（中等）	2	约 1	厚
3. 对尖锐的峰进行准确的积分强度的测量	4（大）	0.4 或特宽	1/8，1/4 或定点测量	>5	厚
4. 对宽的峰进行准确的积分强度的测量	4（大）	0.6（大）	1/4，1/2	>5	厚
5. 为取得细节清楚分辨良好的一小段衍射图	1（小）	0.08～0.2（小）	1/8，1/4	3	薄
6. 为研究衍射峰的宽化	1（小）	0.08（小）	1/8	3	薄
7. 精确测定晶胞常数	1（小）	≤0.24（小）	1/8	>5	薄

此外，靶材、滤片及管流、管压都要适当选择。值得指出的是，要想得到一张显示物质精细变化的高质量衍射图，应根据不同的分析目的而使各种参数适当配合。表1-3提供了一些可供选用的参考方案。

表1-3 实验数据的选择

条件	未知试样的简单相分析	铁化合物的相分析	有机高分子测 定	能量相分析	定量相分析	点阵参数测定
靶材	Cu	Cr, Fe, Co	Cu	Cu	Cu	Cu, Co
K_β 滤波片	Ni	V, Mn, Fe	Ni	Ni	Ni	Ni, Fe
管压/kV	35~45	20~40	35~45	35~45	35~45	35~45
管流/mA	30~40	20~40	30~40	30~40	30~40	30~40
定标器量程（cps）	2000~20000	1000~10000	1000~10000	200~4000	200~20000	200~4000
时间常数/s	1, 0.5	1, 0.5	2, 1	10~2	10~2	5~1
扫描速度/（°/min）	2, 4	2, 4	1, 2	1/2, 1	1/4, 1/2	1/8~1/4
走纸/（cm/min）	2, 4	2, 4	1/2, 1	1/2, 1	1/2, 1/2	1/2~4
D. S/（°）	1	1	1/2, 1	1	1/2, 1, 2	1
R. S/（°）	0.3	0.3	0.15, 0.3	0.3, 0.6	0.15, 0.3, 0.6	0.15, 0.3
扫描范围	90°~2°	120°~10°	60°~2°	90°~2°	需要的	尽可能高角度线

实验内容和步骤

1. 衍射仪操作

（1）开机前的准备和检查 将准备好的试样插入衍射仪样品架。开启水龙头，使冷却水流通。打开测试用电脑。

（2）开机操作 开启衍射仪总电源，启动真空泵和循环水泵，待真空度符合要求以及射线准备灯亮后，接通X光管电源。图1-7是PC2500衍射仪主面板，图1-8是PC2500衍射仪计算机化的XG控制示意图，上述程序即可以在主面板上通过相应的按钮完成操作，也可以通过计算机化的XG软件完成相应操作。

待X光管电压电流稳定后点击"老化"按钮，对灯丝进行老化（仪器"老化"最高功

图1-7 PC2500衍射仪主面板

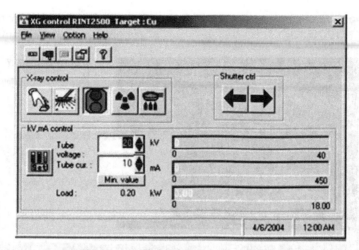

图 1-8　PC2500 衍射仪计算机化的 XG 控制示意图

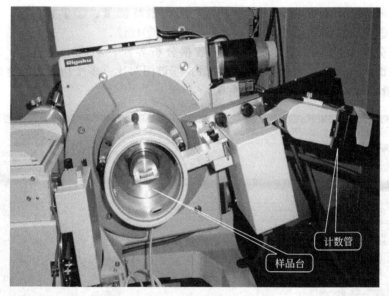

图 1-9　PC2500 衍射仪右测角仪

率应大于测试时仪器使用功率）。设置适当的衍射条件，开始测试，测试时样品放置在如图 1-9 所示测角仪样品台位置。

（3）停机操作　测量完毕，首先利用程序将 X 光管电压和电流分别降至最小值，即 20kV 和 10mA，待电压电流稳定后关闭 X 光管电源。4min 后关闭循环水泵和真空泵，关闭水龙头。关闭衍射仪总电源。

（4）衍射仪控制及衍射数据采集分析系统　PC2500 系列的 X 射线衍射仪其运行控制以及衍射数据的采集分析通过一个配有 "PC2500 X 射线衍射分析操作系统" 的计算机系统以在线方式来完成的。PC2500 的计算机系统是一个多处理器系统。它以个人计算机为主机，通过一个串口控制前级控制机。前级机根据主机的命令或操作者直接从前级机的小键盘输入的命令去执行操作衍射仪的各种功能程序。PC2500 分析操作系统由两大基本功能块组成。

2. 衍射仪操作系统

功能主要是用来控制衍射仪的运行，完成粉末衍射数据的采集，图 1-10 是衍射仪数据

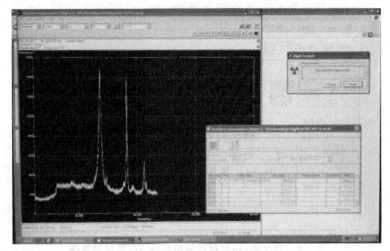

图 1-10   PC2500 衍射仪衍射数据收集界面

收集界面，实时地进行分析处理。主要功能：①衍射峰测量；②重叠扫描；③定时计数；④定数计时；⑤测角仪转动；⑥测角仪步进、步退；⑦校读。

　　衍射图谱分析系统，图 1-11 是衍射仪数据分析界面，功能主要包括：①图谱处理；②寻峰；③求面积、重心、积分宽；④减背景；⑤谱图对比（多个衍射图的叠合显示与图谱加减）；⑥平滑处理；⑦$2\theta\text{-}d$ 之间相互换算。

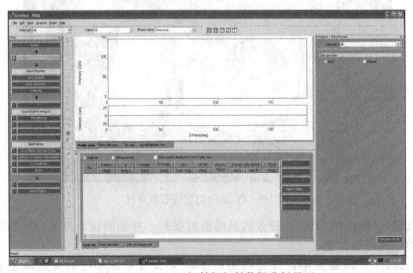

图 1-11   PC2500 衍射仪衍射数据分析界面

实验二

X射线衍射技术与定性相分析

实验目的

1. 掌握使用 X 射线衍射仪进行物相分析的基本原理和实验方法。
2. 掌握利用 X 射线衍射仪进行物相分析的衍射数据的处理方法。
3. 掌握物相分析的过程与步骤。

实验原理

一、定性相分析的原理与方法

相是材料中各元素作用形成的具有同一聚集状态、同一结构和性质的均匀组成部分，分为化合物和固溶体两类。物相分析，是指确定材料由哪些相组成和确定各组成相的含量。根据晶体对 X 射线的衍射特征——衍射线的方向及强度来鉴定结晶物质的物相的方法，就是 X 射线物相分析方法。

组成物质的各种相都具有各自特定的晶体结构（点阵类型、晶胞形状与大小及各自的结构基元等），因而具有各自的 X 射线衍射花样特征（衍射线位置与强度）。对于多相物质，其衍射花样则由其各组成相的衍射花样简单叠加而成。由此可知，物质的 X 射线衍射花样特征就是分析物质相组成的"指纹脚印"。

制备各种标准单相物质的衍射花样并使之规范化，将待分析物质（样品）的衍射花样与之对照，从而确定物质的组成相，这就是物相定性分析的基本原理与方法。

（一）PDF 卡片及其检索方法

1. PDF 卡片

各种已知物相衍射花样的规范化工作于 1938 年由哈那瓦特（J. D. Hanawalt）开创。他的主要工作是将物相的衍射花样特征（位置与强度）用 d（晶面间距）和 I（衍射线相对强度）数据组表达并制成相应的物相衍射数据卡片。卡片最初由"美国材料试验学会（ASTM）"出版，故称 ASTM 卡片。1969 年成立了国际性组织"粉末衍射标准联合会（JCPDS）"，由它负责编辑出版"粉末衍射卡片"，称 PDF 卡片。

图 2-1 为氯化钠晶体 PDF 卡片的内容构成示意图。

① 卡片序号。PDF 卡片序号形式为 X—XXXX。符号"—"之前的数字表示卡片的组号，符号"—"之后的数字表示卡片在组内的序号。

② 三强线。Hanawalt 将 d 值序列中强度最高的三根线条（称为三强线）的面间距和相

11

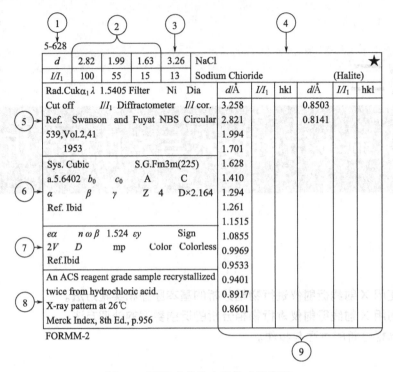

图 2-1　PDF 卡片的内容构成示意图

对强度提到卡片的首位。三强线能准确反映物质特征，受试验条件影响较小是最常用的参数。

③ 这个数字是可能测到的最大面间距。

④ 物相的化学式及英文名称。在化学式之后有数字及大写字母，其中数字表示单胞中的原子数，英文字母表示布拉菲点阵类型。各个字母所代表的点阵类型是：C—简单立方；B—体心立方；F—面心立方；T—简单四方；U—体心四方；R—简单菱形；H—简单六方；O—简单斜方；P—体心斜方；Q—底心斜方；S—面心斜方；M—简单单斜；N—底心单斜；Z—简单三斜。

矿物学通用名称或有机结构式也列入④栏。右上角标号"★"表示数据可靠性高；"i"表示经指标化及强度估计，"○"号表示可靠程度低；无符号者为一般；"C"表示衍射花样数据来自计算。

⑤ 试验条件。其中 Rad. 为辐射种类；λ 为辐射波长，Filter 为滤波片名称；Dia. 为圆柱相机直径；Cutoff 为该设备所能测得的最大面间距；Coil. 为光阑狭缝的宽度或圆孔的尺寸；I/I_1 为测量线条相对强度的方法；dcorr, abs? 为所测 d 值是否经过吸收校正。

⑥ 晶体学数据。其中 Sys. 为晶系；S. G. 为空间群符号；a_0、b_0、c_0 为单胞点阵常数；$A=a_0/b_0$，$C=c_0/b_0$ 为轴比；α、β、γ 为晶胞轴间夹角；Z 为单位晶胞中相当于化学式的分子数目（对于元素是指单胞中的原子数；对于化合物是指单胞中的分子数目）。

⑦ 物相的物理性质。其中 n 为折射率；Sign 为光学性质的正负；$2V$ 为光轴间的夹角；D 为密度（若由 X 射线法测定则表以 D_x）；mp 为熔点；Color 为颜色。

⑧ 试样来源、制备方式及化学分析数据。如分解温度（D. F）、转变点（T. P）、摄照温度、热处理、卡片的更正信息等进一步的说明也列入此栏。各栏中的"Ref."均指该栏中的

数据来源。

⑨ d 值序列。列出的是按衍射位置的先后顺序排列的晶面间距 d 值序列，相对强度 I/I_1，及干涉指数。

2. PDF 卡片索引

为方便、迅速查对 PDF 卡片，JCPDS 编辑出版了多种 PDF 卡片检索手册：Hanawalt 无机物检查手册、Hanawalt 有机相检查手册、无机相字母索引、Fink 无机索引、矿物检索手册等。检索手册按检索方法可分为两类，一类以物质名称为索引（即字母索引），另一类以 d 值数列为索引（即数值索引）。

(1) 数值索引　以 Hanawalt 无机相数字索引为例，其编排方法为：一个相一个条目，在索引中占一横行，其内容依次为按强度递减顺序排列的 8 条强线的晶面间距和相对强度值、化学式、卡片编号和参比强度值。条目示例如下：

★ 2.09_x 2.55_9 1.60_8 3.48_8 1.37_5 1.74_5 2.38_4 1.40_3 Al_2O_3 10-173 1.00

$\quad$ 3.60_x 6.01_8 4.36_8 3.00_6 4.15_4 2.74_4 2.00_3 1.81_2 Fe_2O_3 21-920

i $\quad$ 2.08_x 2.21_x 1.56_6 1.39_5 1.37_2 4.63_2 1.87_2 6.93_1 (Ti_2Cu_3) 10T 18-459

线条相对强度写在 d 值的右下角。相对强度分为 10 个等级，分别以 X（最强线，100%）和数字表示（如 5 表示 50%，7 表示 70% 等）。

考虑到强度受试验条件等因素的影响，可能偏差较大，因而 1980 年前出版的索引中将每个相的前三强线条按 $d_1d_2d_3$、$d_2d_3d_1$、$d_3d_1d_2$ 的排列顺序（其余 5 个 d 值顺序不变）分列为 3 个条目，即每个相在索引中不同部分可出现 3 次（1980 年以后出版的索引，三强线条排列组合形成不同条目的规则与 1980 年前相比，有变化）。

索引按 d 值分组并按 d 值大小递减排列。每个条目按 d_1 值决定它属于哪一组，每组内按 d_2 值递减顺序编排条目；d_2 值相同的条目，则按 d_3 值递减顺序编排。

芬克无机数值索引与哈那瓦特数值索引相类似，主要不同的是其以八强线条的 d 值循环排列，每种相在索引中可出现 8 次。

(2) 字母索引　此种索引以物相英文名称字母顺序排列。每种相一个条目，占一横行。条目的内容顺序为：物相英文名称、三强线 d 值与相对强度、卡片编号和参比强度号。条目示例如下：

★ Alunminum Oxide：/Corundun Syn $\quad$ Al_2O_3 $\quad$ 2.09_x $\quad$ 2.55_9 $\quad$ 1.60_8 $\quad$ 10-173 $\quad$ 1.00

$\quad$ Iron Oxide： $\qquad\qquad\qquad\qquad$ Fe_2O_3 $\quad$ 3.60_x $\quad$ 6.01_8 $\quad$ 4.36_8 $\quad$ 21-920

i $\quad$ Titanium Copper $\qquad\qquad$ $(Ti_2Cu_3)10T$ $\quad$ 2.08_x $\quad$ 2.21_x $\quad$ 1.56_6 $\quad$ 18-459

3. 物相定性分析的基本步骤

(1) 制备待分析物质样品，用 X 射线衍射仪获得样品衍射花样。

(2) 确定各衍射线条 d 值及相对强度 I/I_1 值（I_1 为最强线强度）。以 I-2θ 曲线峰位求得 d，以曲线峰高或积分面积得 I/I_1，配备微机的衍射仪则可直接打印或读出 d 与 I/I_1 值。

(3) 检索 PDF 卡片。物相均为未知时，使用数值索引。将各线条 d 值按强度递减顺序排列；按三强线条 d_1、d_2、d_3 的 d-I/I_1 数据查数值索引；查到吻合的条目后，核对八强线的 d-I/I_1 值；当八强线基本符合时，则按卡片编号取出 PDF 卡片。若按 d_1、d_2、d_3 的顺序查找不到相应条目，则可将 d_1、d_2、d_3 按不同顺序排列查找。查找索引时，d 值可有一定误差范围：一般，允许：$\Delta d = \pm(0.01 \sim 0.02)$Å。

(4) 核对 PDF 卡片与物相判定。将衍射花样全部 d-I/I_1 值与检索到的 PDF 卡片核对，若一一吻合，则卡片所示相即为待分析相。检索和核对 PDF 卡片时以 d 值为主要依据，以

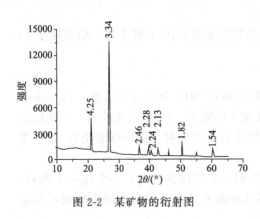

图 2-2 某矿物的衍射图

I/I_1 值为参考依据。

（二）物相定性分析示例

1. 用 PDF 卡片作单相鉴定

用衍射仪测得某矿物的衍射图如图 2-2 所示。选 8 条强度最大的衍射线，按强度递减顺序排列为 3.34、4.25、1.82、2.46、2.28、1.54、2.13、2.24。查 Hanawalt 索引发现当第一个 d 值为 3.34，第二个 d 值为 4.25 时，有一行数据 3.34_x、4.25_2、1.82_1、2.46_1、1.54_1、2.28_1、2.13_1、2.24_1 与上述实验数据相同，所列卡片号为 46-1045，矿物为 SiO_2。找出卡片，将卡片上所有数据与实验数据比较列于表 2-1，可以确定衍射图 2-2 所代表的矿物为 SiO_2。

表 2-1 SiO_2 实验数据与 PDF 卡片数据比较

实验数据		PDF 卡片 46-1045		实验数据		PDF 卡片 46-1045	
$d/\text{Å}$	I/I_0	$d/\text{Å}$	I/I_0	$d/\text{Å}$	I/I_0	$d/\text{Å}$	I/I_0
4.25	29.5	4.25499	16	1.98	4.2	1.97986	4
3.34	100	3.34347	100	1.82	13	1.81796	13
2.46	7.6	2.45687	9	1.68	2.9	1.67173	4
2.28	7.2	2.28149	8	1.66	1.7	1.65919	2
2.24	4.3	2.23613	4	1.54	7.1	1.54153	9
2.13	6.2	2.12771	6				

2. 多相物质分析与示例

多相物质相分析的方法是按上述基本步骤逐个确定其组成相。多相物质的衍射花样是其各组成相衍射花样的简单叠加，这就带来了多相物质分析（与单相物质相比）的困难：检索用的三强线不一定属于同一相，而且还可能发生一个相的某线条与另一相的某线条重叠的现象。因此，多相物质定性分析时，需要将衍射线条轮番搭配、反复尝试，比较复杂。

物相定性分析示例。由待分析物衍射花样得到其 d-I/I_1，数据组如表 2-2 所列。由表可知其三强线顺序为 2.09_x，2.47_7 和 1.80_5。检索数值索引，在 d_1 为 2.09～2.05Å 的一组中，发现有好几种物相的 d_2 值接近 1.80；但将三强线连贯起来看，却没有一个物相（条目）可与其一致。此种情况可能是由于待分析物为多相物质且上述三强线条可能不属于一相所致。假设最强线（$d=2.09$Å）与次强线（$d=2.47$Å）分别由两种不同相所产生，而第三强线（$d=1.80$Å）与最强线为同一相所产生，即按某相 $d_1=2.09$Å 和 $d_2=1.80$Å 检索。在索引中 d_1 为 2.09～2.05Å 的数据组中，$d_2=1.80$Å 附近找到一个条目（卡片号 4-0836，铜），其八强线条与待分析物中 8 根线条数据相符。按卡片号取出铜的卡片进一步核对可知，铜所有 d-I/I_1 数据（如表 2-3 所列）与表 2-3 所列待分析物中部分线条（以 * 号标示）d-I/I_1 数据吻合很好，故可判定待分析物中之一相为铜。

表 2-2　未知物衍射花样数据

$d/\text{Å}$	I/I_0	$d/\text{Å}$	I/I_0	$d/\text{Å}$	I/I_0
3.01	5	1.50	20	1.04 *	5
2.47	70	1.29	10	0.98 *	5
2.13	30	1.22	5	0.91 *	5
2.09 *	100	1.28 *	20	0.83 *	10
1.80 *	50	1.08 *	20	0.81 *	10

表 2-3　铜 PDF 卡片数据

$d/\text{Å}$	I/I_0	$d/\text{Å}$	I/I_0
2.088	100	1.043	5
1.808	46	0.903	3
1.278	20	0.829	9
1.090	17	0.808	8

将表 2-2 中属于铜的各线条数据去除，将剩余线条进行归一化处理（即将剩余线条中之最强线 $d=2.47$ 之强度设为 100%，其余线条强度值也相应调整），按定性分析的基本步骤再进行检索和核对 PDF 卡片的工作，结果表明这些线条与氧化亚铜（CuO_2）PDF 卡片所列线条数据相一致。至此可知，待分析物由铜与氧化亚铜两相组成。

3. 混合物相定性分析应注意的问题

实验所得出的衍射数据，往往与标准卡片或标准图谱所列数据不完全一致，通常可能基本一致或相对符合。尽管两者所研究的样品的确属于同种物相，也可能会是这样。因此在分析对比数据时应注意以下几点，有助于作出正确判断。

① d 值的数据比 I/I_0 值的数据重要。也就是说实验数据与标准数据两者的 d 值必须很接近或相等，其相对误差在 1% 以内。I/I_0 值可以允许有较大的误差。这是因为面间距 d 是由晶体结构决定的，它不因实验条件变化而有变化，即使在固溶体系列中 d 值的微细变化也只在精确测量时才能确定。然而 I/I_0 的值却会随实验条件的不同而发生较大的变化，如随不同靶材、不同衍射方法或不同衍射条件等发生变化。

② 低角度线的数据比高角度线的数据重要。这是因为对于不同晶体来说，低角度线的 d 值相一致重叠的机会很少，而该高角度线不同晶体相互重叠的机会增多，当使用波长较长的 X 射线时，将会使得一些 d 值较小的线不再出现，但低角度线总是存在。样品过细或结晶不良的话，会导致高角度线的缺失，所以在对比衍射数据时，应较多地注重低角度线即 d 值大的线。

③ 强线比弱线重要，要特别重视 d 值大的强线，这是因为强线稳定也易于测得精确。弱线强度低不易觉察，判断准确位置也困难，有时还容易缺失。

④ 应重视矿物的特征线。矿物的特征线即不与其他物相重叠的固有衍射线，在衍射图谱中，这些特征线的出现就标志着混合物中存在着某种物相。

值得指出的是，在进行混合物相分析前，应对样品来源、化学成分、制备工艺及其他测试分析资料作充分了解，对试样中的可能物相作出估计，这样就可有目的的预先按字母索引找出一些可能物相的卡片进行直接对比，对易于鉴定的物相先作出鉴定，余下未鉴定的物相再查数值索引或字母索引进行鉴定，这样可以减少分析困难，加快分析速度。

二、衍射峰的标定

直接从衍射仪得到的数据，是对应于一系列 2θ 角度位置的 X 射线强度数据。有了直接从衍射仪获得的 2θ-强度原始数据以后，以下一些初步处理常常是必不可少的，本节将介绍计算机或人工处理时应遵循的原则。

(1) 图谱的平滑　原始的 X 射线衍射数据（或记录图）中，包含有程度不等的无规则的计数起伏，这些起伏主要来源于 X 射线强度的测量误差（X 射线强度的测量误差将在第五章中讨论），需要进行数据"平滑"把它除去，才能进行扣除背底、辨认弱峰、读出峰顶位置和求峰的净强度等工作。实验数据平滑实质上是一个信号估计问题，需要滤去噪声和净化数据（去除异常数据）。每个 2θ 位置上的 X 射线强度的"真值"可通过该位置及与其相邻的若干个点的测量值来估计。对于用记录仪获得的原始衍射图，如果 RC 用得比较大，记录曲线已经比较匀滑。这时，不难在心目中"看到"平滑后的曲线。但若 RC 用得较小，衍射强度又弱，那么记录到的笔迹是一条由锯齿状的、小幅度起伏频繁的曲线形成的带。这时，平滑工作实际上是凭经验目估进行的，根据这条原始的记录笔迹带的平均中线，重新描绘出一条较为匀滑的曲线。

(2) 峰位的确定　在衍射图上，每一条衍射线的强度剖面表现为一个高出背景的强度峰。由于 X 射线管发出的光源总有一定的宽度，再加上仪器等因素的影响，因而任一峰都有一定的宽度，而且两边往往是不对称的或不完全对称的。确定衍射峰 2θ 的位置（峰位），可用以下几种方法。

① 峰巅法：以峰巅的位置（图 2-3 的 P_0）作为衍射峰的峰位。

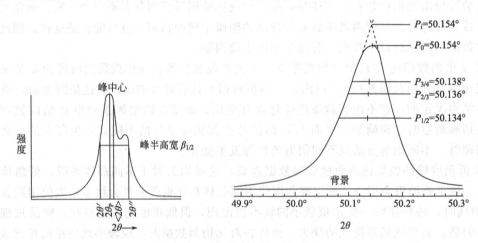

图 2-3　确定衍射峰位置的方法

② 交点法：在衍射峰的两翼最接近直线的部分，各引一条延长线，以它们交点（图 2-3 中的 P_i）的 2θ 位置为峰位。

③ 弦中点法：以衍射峰的半高宽（在背景线以上衍射峰高度的一半处之峰宽）之中点（图 2-3 中的 $P_{1/2}$）为峰位，或者以峰高 2/3 处宽度的中点或 3/4 峰高处宽度的中点（图 2-3 中的 $P_{2/3}$ 和 $P_{3/4}$）为峰位。

④ 中心线峰法：按衍射峰的若干弦的中点连线进行外推，与衍射峰曲线相交于一点

（图 2-3 的 P_0），以此点的 2θ 为峰位。

⑤ 重心法：亦称矩心法。它是以背景线之上整个衍射峰面积之重心的 2θ 为峰位，重心的 2θ 记为 $<2\theta>$，定义为

$$<\theta>=\frac{\int 2\theta \cdot I_{2\theta} d(2\theta)}{\int I_{2\theta} d(2\theta)} \qquad (2\text{-}1)$$

式中　$I_{2\theta}$ 为 2θ 处减去背景衍射强度。如果强度数据是按步宽 $\Delta_{2\theta}$ 数字采集的，则

$$<\theta>=\frac{\sum 2\theta \cdot I_{2\theta}}{\sum I_{2\theta}} \qquad (2\text{-}2)$$

⑥ 微分法：用计算机数字处理衍射数据，自动确定峰位（寻峰）常用一级微分或二级微分法。从图 2-4 可见：原则上一个峰的峰巅位置能从数据的一级微分从正变负的位置来确定；或者从数据的二级微分负区绝对值最大点的位置来确定。此外，二级微分负区的宽度应等于峰的两腰拐点间的距离，这个距离近似为峰的半高度宽，也可用二级差分负区宽度的中心位置作为峰的位置（类似弦中点法）。

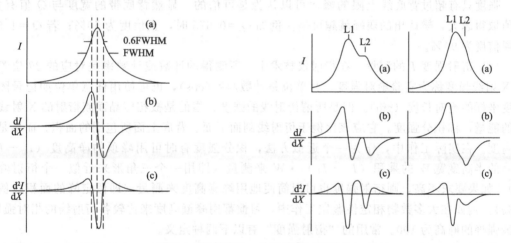

图 2-4　衍射峰的一阶微分和二阶微分

衍射峰最大值的位置，可以通过衍射图的一阶微分或二阶微分来确定。图 2-4 示出了一个独立峰和两个重叠程度不同的衍射峰（用 Lorentz 函数模拟）及其一阶微分和二阶微分，峰的最大值位置分别对应一阶微分过零和二阶微分负值最大的位置。

在 BDXD 衍射分析系统的数据处理程序中，峰位是按二级微分负区绝对值最大来自动确定的，并取最大值点及其左右相邻的各两个点共五个点通过抛物线拟合内插求抛物线顶点的位置作为峰位，提高峰位 2θ 的读出精度。还有峰面积和峰重心 $<2\theta>$ 的计算程序。

（3）背底的扣除和弱峰的辨认　经过平滑后的衍射图曲线，仍然保留有一些小的起伏，但比较平缓了。它们主要还是由于计数的统计起伏带来的，也许还有些是由于光源强度的微小波动而来的。这部分起伏对背底的扣除和弱峰的辨认很有妨碍。为此，需要先给衍射图确定一条"背底带"，然后才能画出背底线和对弱峰进行甄别。

背底线应具有怎样的特点？如果样品是结晶良好的物质，衍射图的背底应该是很平的。只有在接近直射光的甚低角度部分才迅速上升；如果样品中含有无定形物质或高度分散的晶体，则应呈现一个或多个很宽的弥散的也许还相互重叠的散射晕，这些晕的切

面具有近似 Gauss 曲线的形状。如何确定衍射图的背景线，现在只有一些约定的方法。对于一张全衍射图，一种确定背景线的方法是取"背底带"的中线为背景线。为此，先把整张衍射图分成很多相等大小的角度间隔，其大小最好应小于这些弥散晕的宽度而大于最宽的重叠峰群的宽度，然后沿每个间隔的最低点，先描出背底带的下限线。描绘时应考虑到上述关于背底线的特点来进行。设这条下限线上各点的强度为 $B_{(2\theta)}$，则上限线上各点的强度应为：

$$B_{(2\theta)} + 2Q \times B_{(2\theta)}^{0.5}$$

式中，Q 为根据计数统计误差计算的置信度有关的系数，称置信因子：

置信度/%	50.0	68.3	90.0	95.0	95.5	99.0	99.7
置信因子	0.6745	1.000	1.644	1.960	2.000	2.576	3.000

根据用上述方法确定的背底带的各中点，描绘出圆滑的背底带中心平分线，便可得到衍射图的背底线。以这条线为基线，扣除背底强度，则求得各衍射线的净强度。

强度只有超过背底线上限的峰才可以认为是可信的。显然背底带的宽度与 Q 值有关，Q 值取得越大，辨认出的弱峰就越可信。例如 $Q=0.675$ 时，置信度为 50%；若 $Q=1.64$，则置信度为 90%。

（4）衍射强度 I 的测量　在衍射仪技术中，所测得的计数或计数率是对应的 2θ 位置上的 X 射线强度称为实验绝对强度，其单位是计数/秒（cps），也可使用任意单位如记录图上强度坐标的绝对长度（cm）。但是所谓衍射线的强度，指的是被相应晶面族衍射的 X 射线的总的能量，称积分强度。它应该比例于衍射线剖面下面、背底上面所包围的面积，而不是峰的高度。在实际工作中，作为一个近似方法，积分强度有时可用峰顶的净高度（$I_p - I_B$）与峰的半高度宽 W 的乘积 $(I_p - I_B) \cdot W$ 来测量（即用一个三角形来近似一个衍射峰剖面）。如果要求不高，则衍射强度也可以简便地用峰巅高度来测量（即假定峰的面积比例于峰高）。例如在大多数物相定性鉴定工作中，习惯都用峰巅高度来比较各衍射线的相对强度，以最强峰的峰高为 100。常用的"衍射强度"有以下两种定义。

峰高强度：以减去背景后的峰巅高度代表一个衍射峰的强度。此法虽简便，但实际上各衍射线剖面的形状是 2θ 的函数，其面积并不简单比例于峰高；而且，它最大的缺点是受实验条件的影响相当大，且受 $K\alpha$ 双线重叠度的影响。在不同实验条件下，峰高可有明显的变化，也与峰的宽化有关。但因其简便，故在对衍射强度的测量误差要求不严格时，如在定性物相分析中，常常使用峰高强度。

积分强度：以整个衍射峰的背景线以上部分的面积作为峰的强度。它代表着相应晶面族衍射 X 射线的总能量。它的优点是尽管峰的高度和形状可能随实验条件的不同而变化，但峰的面积却比较稳定，计数统计误差较小。此外，当用 $K\alpha$ 双重线的总面积来代表衍射线的积分强度时，可以不必考虑 α_1 与 α_2 峰的分离问题。因此在定量分析等要求强度测量误差小的场合，都采用积分强度。

其他如 2θ 值的精确修正，是精确测定晶面间距和晶胞参数的课题；线切面宽化的研究是考查样品中晶体粒度及其分布以及各种缺陷情况的课题等，不在此介绍。

实验内容和步骤

实验室配制各种单相矿物和混合矿物，选用一种单相矿物和一种混合物，分别在衍射仪上进行定性测量，作出衍射图。

（1）记录每次测量的实验条件如辐射、狭缝、管流、管压、扫描速度、量程、时间常数、寻峰条件等，分析实验条件对衍射线形成的影响。在电脑测试软件里面点开"Standard measurement"，显示如图 2-5 所示测试主界面，选择测试文件存储位置、文件（样品）编号和样品名称，在每一个文件夹下，文件（样品）编号必须是唯一的。继续点击后面"Condition"栏，进入到如图 2-6 所示的测试条件设置界面，确定狭缝、管流、管压、扫描范围、扫描步长和扫描速度等，测试条件设置完成，关闭窗口。扫描范围必须在 3°～140°之间，否则导致仪器严重破坏。点击主界面左上角黄色测试图标，仪器开始测试，弹出图 2-7 所示测试界面窗口，等待测试完成即可。

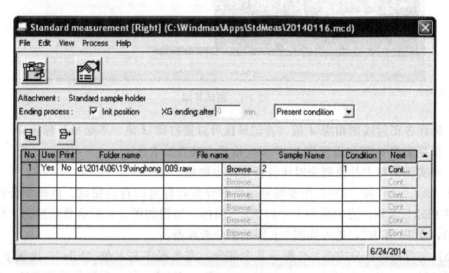

图 2-5　测试条件设置主界面图

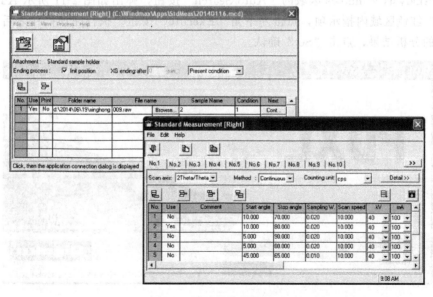

图 2-6　测试条件设置界面

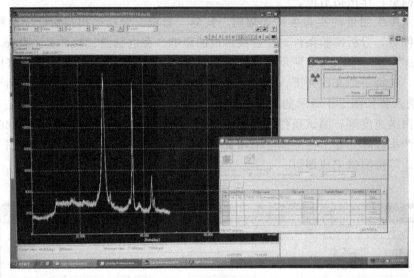

图 2-7　测试界面

（2）标注各衍射线的相应 d 值（若记录仪可直接打印 d 值，不必另行标注）。

（3）根据实测 d 值和强度按 PDF 卡片检索方法查找卡片。

（4）将实测值与卡片值列表对比分析鉴定出物相。

以上（2）、（3）和（4）三个步骤利用衍射分析软件可以自动完成。以理学公司开发的分析软件 PDXL 为例。点击桌面上"PDXL"图标，出现如图 2-8 所示登录界面，输入用户名和密码，点击"OK"，进入如图 2-9 所示主分析界面。

PDXL 主界面可以分成图 2-9 所示几个部分。点击程序左上角"File"，出现下拉菜单，先后选择"New project"、"Open measurement Data File"，导入需要分析的文件。在图2-10界面中，先后点击 Flow bar 区域的"Auto Search"，Graphic area 区域的"Phase name view"和 Analysis Windows 区域的"Auto Search"按钮，弹出如图 2-11 所示 Auto Search 界面，选择红色区域内指示项，点击左下角"Execute"按钮。执行完该操作之后，得到图 2-12 所示的分析结果，点击"Set"确认。

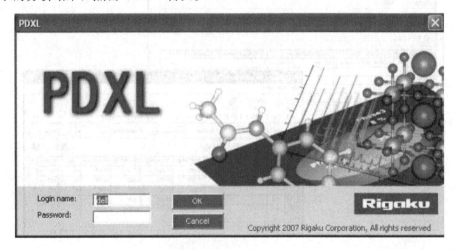

图 2-8　PDXL 登录界面

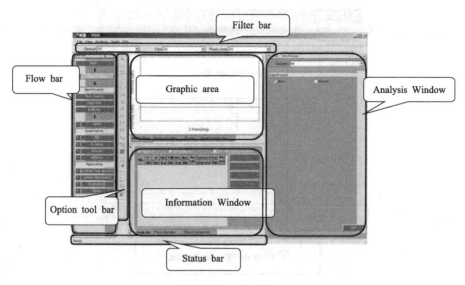

图 2-9　PDXL 主界面

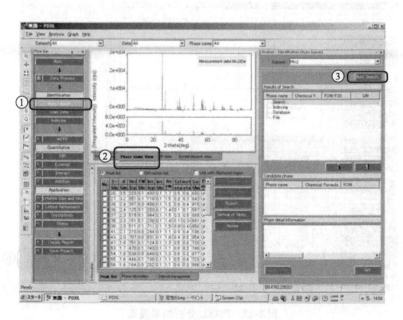

图 2-10　PDXL 寻峰界面

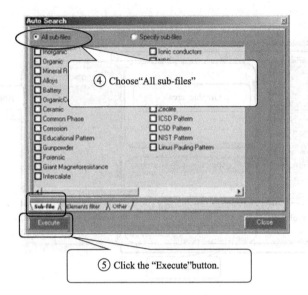

图 2-11　PDXL Auto Search 界面

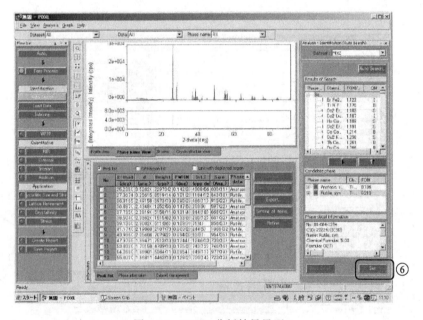

图 2-12　PDXL 分析结果界面

实验三

X射线衍射定量相分析

实验目的

1. 熟悉 X 射线定量相分析的基本原理和方法。
2. 掌握 X 射线定量相分析的一般实验技术。
3. 选定适当的定量方法测定一个混合物中各相含量。

实验原理

混合物相的 X 射线定量相分析,就是用 X 射线衍射的方法来测定混合物中各种物相的含量百分数。这种分析方法依据的原理是混合物中某物相所产生的衍射线强度与其在混合物中的含量是相关的。

物相定量分析的基本依据是:

$$I_i = C_i \times \frac{W_i/\rho_i}{\mu_m} \tag{3-1}$$

式中　I_i——混合物中 i 相某衍射线的强度;

　　　W_i——混合物中 i 相质量百分数;

　　　C_i——与 i 相有关的常数;

　　　ρ_i——i 相的密度;

　　　μ_m——混合物的质量吸收系数。

在实际的定量工作中,C_i、μ_m 在很多情况下都难以计算,于是采用实验处理或是避免繁杂的计算或是使计算简单化而出现了各种各样的定量相分析方法。

一、外标法

外标法是用对比试样中待测的第 i 相的某条衍射线和纯 i 相(外标物质)的同一条衍射线的强度来获得第 i 相含量的方法。原则上它只能适用于两相系统。

设试样中所含两相的质量吸收系数分别为 $(\mu_m)_1$ 和 $(\mu_m)_2$,则有

$$\mu_m = (\mu_m)_1 W_1 + (\mu_m)_2 W_2 \tag{3-2}$$

根据(3-1)有:

$$I_1 = C_1 \frac{W_1/\rho_1}{(\mu_m)_1 W_1 + (\mu_m)_2 W_2} \tag{3-3}$$

因 $W_1 + W_2 = 1$，故

$$I_1 = C_1 \frac{W_1/\rho_1}{W_1[(\mu_m)_1 - (\mu_m)_2] + (\mu_m)_2} \tag{3-4}$$

若以 $(I_1)_0$ 表示纯的第 1 相物质（$W_1 = 1$，$W_2 = 0$）的某衍射线的强度，则有

$$(I_1)_0 = C \frac{1/\rho_1}{(\mu_m)_1} \tag{3-5}$$

于是

$$I_1/(I_1)_0 = \frac{W_1(\mu_m)_1}{W_1[(\mu_m)_1 - (\mu_m)_2] + (\mu_m)_2} \tag{3-6}$$

由此可见，在两相系统中若各相的质量吸收系数已知，则只要在相同实验条件下测定待测试样中某一相的某根衍射线强度 I_1（一般选择最强线来测量）。然后再测出该相的纯物质的同一条衍射线强度 $(I_1)_0$，就可算出该相的质量分数 W_1，但 $I_1/(I_1)_0$ 与 W_1 一般无线性正比关系，这是样品的基体吸收效应所造成的。但若系统中两相的质量吸收系数相同（例如两相同素异构体时），则可知：

$$\frac{I_1}{(I_1)_0} = W_1 \tag{3-7}$$

这时第 1 相与 $I_1/(I_1)_0$ 呈线性正比关系。

二、内标法

内标法就是把一定量的某种给定物相 S 加入未知的待测样品中，构成新的复合试样，从而进行定量分析的一种方法。基本公式为：

$$\frac{I_i}{I_s} = KW_i$$

式中　　I_i——复合试样中 i 相某衍射线的强度；

　　　　I_s——复合试样中内标相 S 的某衍射线强度；

　　　　K——比例系数；

　　　　W_i——待测样中 i 相含量。

可知复合试样中 i 相强度与内标相 S 的强度比值与试样中 i 相含量成直线关系，所以可以作出标准工作曲线，求出待测试样中 i 相的含量。

内标法实验步骤：

① 配制一组不同 W_i 的参考样品；

② 用恒定质量分数 W_s 的内标纯相与上述参考样品充分混合成一组复合试样；

③ 测定复合试样中 i 相和 S 相的强度 I_i 和 I_s；

④ 绘制 $\frac{I_i}{I_s}$-W_i 的标准曲线，一般为直线，斜率为 K；

⑤ 用与作标准曲线等量的内标相 W_s 加入到待测样品混合均匀，用与作标准曲线同样的实验条件测量 $\frac{I_i}{I_s}$，根据 $\frac{I_i}{I_s}$ 利用标准曲线即可求出待测试样中 i 相的含量 W_i。

用内标法测量，每次测量一相都需要作一条标准曲线，如果测量多相就需要作多条标准曲线，所以定量工作需要较多时间。

三、K 值法

若测定由 n 个物相组成的待测样中 i 相含量 W_i，可在待测试样中加入待测试样本身不

存在的已知含量的参考相 W_s，制成包含 $n+1$ 个物相的复合试样。若预先测定了 i 相与参考相 S 含量 1∶1 时的强度，则待测样中 i 相含量可以由下式求出：

$$W_i = \left(\frac{I_s}{I_i}\right)_{1:1} \cdot \left(\frac{I_i}{I_s}\right) \cdot \frac{W_s}{1-W_s} = K_i^s \times \frac{I_i}{I_s} \times \frac{W_s}{1-W_s} \tag{3-8}$$

式中　W_i——待测样中 i 相含量；

I_i，I_s——复合样中 i 相和参考相 S 的强度；

K_i^s——参考相 S 与 i 相含量 1∶1 时的强度比 $\frac{I_s}{I_i}$；

W_s——参考相 S 的掺入量。

K 值法定量相分析的实验步骤如下：

① 用已知含量 W_s 的参考相加入待测试样中混合成复合试样；

② 用待测相 i 的纯相与参考相 S 配成质量分数 1∶1 的二元物相参考样；

③ 测定二元参考样中 i 相与参考相 S 的强度，计算 $K_i^s = \left(\frac{I_s}{I_i}\right)_{1:1}$；

④ 用同样的实验条件测量复合试样中 i 相与参考相的强度 I_i 和 I_s；

⑤ 用 W_s、K_i^s、I_i、和 I_s 代入计算式（3-8）计算待测样中 i 相含量。

K 值法定量，每次测量一相需要测定一个 K_i^s。但 K_i^s 经精确测定可作为常数使用，是定量分析中常见的一种方法。

实验内容和步骤

样品测试可参考实验二，具体讲述定量分析部分。为了获得样品的物相及其含量，必须首先确定样品的物相，这一部分可参考实验二，有一点必须明确，做定量分析的物相分析时，Auto Search 界面必须如图 3-1 所示选上 "Show only phases with RIR value" 选项。物相分析完成点击 "Set" 确认。

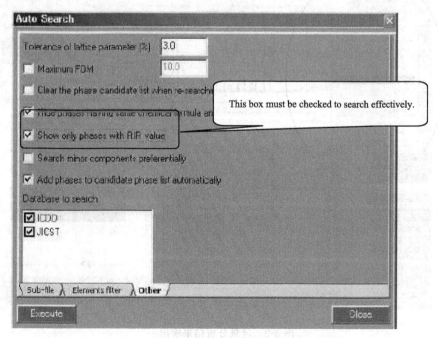

图 3-1　PDXL Auto Search 界面（定量分析）

　　接下来进行定量分析，如图 3-2 所示，点击窗口左侧"RIR"按钮，右侧即得到定量分析结果，点击右下角"Set"按钮确认。如图 3-3 所示，在主菜单上点击"View"，在下拉菜单里面选择"Analysis Results"，如图 3-4 所示，分别点击"Quantity"、点击主菜单"Graph"，在下拉菜单里面选择"Pie"，得到如图 3-4 所示的饼形图。

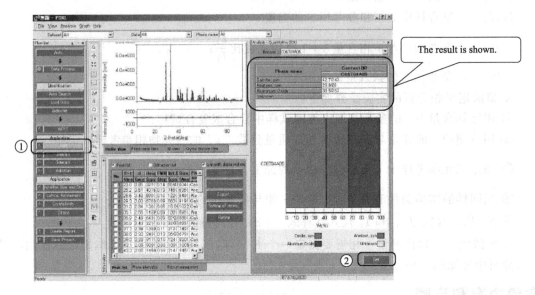

图 3-2　定量分析结果

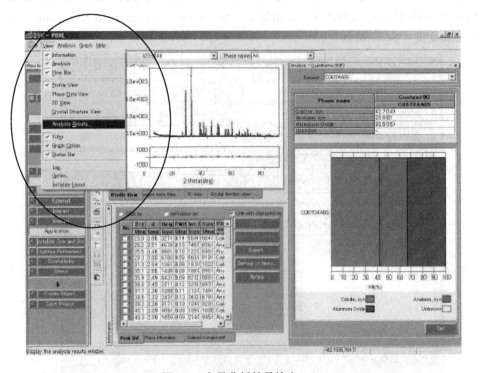

图 3-3　定量分析结果输出一

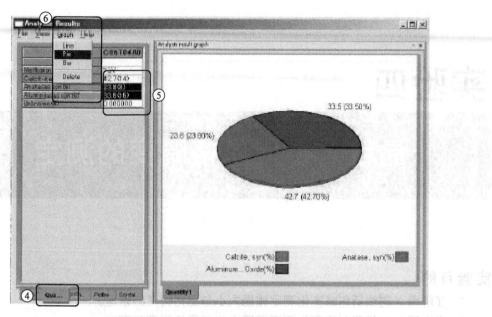

图 3-4 定量分析结果输出二

实验四

晶粒大小与晶格畸变的测定

实验目的

1. 了解用 X 射线衍射峰宽化测定微晶大小与晶格畸变的原理。
2. 掌握用 X 射线衍射峰宽化测定微晶大小与晶格畸变的方法。
3. 用半高宽法测定给定试样的晶粒大小和晶格畸变。

实验原理

粉末粒度范围的扩大和颗粒形状的复杂性，特别是近年来纳米粉末的大量出现，使得准确而方便地测定粒度和形状变得很困难。而且，粉末越细，越易形成团聚体。有些粒度测定方法的误差以及不同测定方法结果的对比或换算的难易，均与团聚状态及团聚强弱程度有直接关系。

在所有的粒径测定方法中，只有筛分析和显微镜法是直接测量粒径的，而其他方法都是间接方法，即通过测定与粉末粒度有关的颗粒物理和力学性质参数，然后换算成平均粒径或粒径分布。目前可用于测定纳米粉末粒径的方法一般有：电子显微镜法、BET 比表面积法、X 射线线宽法、X 射线小角散射法、离心沉降法等，一般至少选择其中的两种方法来测定粉末粒径。

一、衍射峰宽化因素

本实验是根据 X 射线衍射峰宽化原理来测定晶粒大小和晶格畸变的，因此首先要了解影响峰宽的因素。

1. 物理因素引起的宽化

如果样品晶粒小于 $0.1\mu m$，或存在晶格畸变，则衍射峰就要宽化。其具体计算如下：

(1) 如果衍射峰宽化仅由晶粒细化造成的，且晶粒均匀，则可导出谢乐（Scherrer）方程，即：

$$\beta_L = \frac{K\lambda}{L\cos\theta} \tag{4-1}$$

式中 β_L——晶粒细化引起的峰形宽度，rad；

L——垂直于（hkl）晶面的平均晶粒大小，Å；

θ——衍射峰位的布拉格（Bragg）角，(°)；

λ——辐射波长，Å；

K——常数，与 β 的定义有关，即半高宽 $\beta_{1/2}$ 取 $K=0.9$，积分宽度 β_i 取 $K=1$。

（2）假定峰形宽化只是晶格畸变引起的，则峰形宽度 β_D 与晶格畸变的关系为：

$$\beta_D = 4e\tan\theta \tag{4-2}$$

式中，$e(e=\delta d/d)$ 为垂直于 (hkl) 晶面的平均畸变。

2. 仪器因素引起的宽化

即使是无晶粒细化和晶格畸变的标准试样，其衍射峰也有一定宽度（用 b 表示），它的来源有 X 射线源、接收狭缝、试样吸收、平板试样和垂直发散等 5 个，它们在仪器宽化中时作用如图 4-1 所示。综合 $g_1 \sim g_5$ 所得峰形与实测峰形不太一致，但若引进错调函数 $g_1 = 1/(1+\kappa^2\varepsilon^2)$ 之后，两者符合甚好（图 4-1），因而计入上述 6 种因素的影响，便得仪器的宽化。

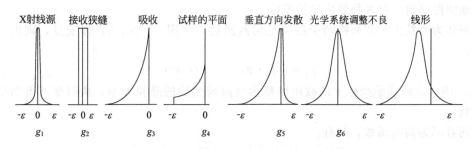

图 4-1 典型高分辨衍射仪的 6 个权重函数

3. 实际试样峰形的宽化

如上所述，如果物理宽化和仪器宽化分别用函数 $f(x)$ 和 $g(x)$ 描述，依迭加原理，所测试样峰形宽化函数 $h(x)$ 应是 $f(x)$ 的卷积，即：

$$h(x) = \int_{-\infty}^{\infty} g(y)f(x-y)\mathrm{d}y \tag{4-3}$$

常见的峰形是高斯（Gaussian）或柯西（Cauchy）峰形。分别为：

$$I_G(x) = I_P(x)\exp(-\kappa^2 x^2) \tag{4-4}$$

$$I_C(x) = I_P(x)/(1+\kappa^2 x^2) \tag{4-5}$$

如用 B、b 和 β 分别表示 $h(x)$、$g(x)$ 和 $f(x)$ 的半高宽或积分宽度，当它们全为高斯形时，由（4-3）式可得：

$$B^2 = b^2 + \beta^2 \tag{4-6}$$

当它们全为柯西函数时，则有

$$B = b + \beta \tag{4-7}$$

因此，测出试样的衍射峰宽度 B 和仪器宽度 b，就能依式（4-6）和式（4-7）求出试样的物理宽度 β 值。

二、测量方法

1. 晶粒大小或晶格畸变的单独测定

如待测样衍射峰的 β 值与 $1/\cos\theta$ 成正比，则是晶粒细化起主要作用，可用式（4-1）算出平均晶粒大小 L（Å）。

假若 β 与 $\tan\theta$ 成正比，则试样只存在晶格畸变，其 e 值可用式（4-2）求出。

2. 同时测定晶粒大小和晶格畸变的方法

在一般情况下，物理宽度 β 是晶粒细化和晶格畸变两种效应共同作用的结果。为了从 β

中分离二者，人们采用傅里叶变换法、峰形方差法、Hall 法（多用半高宽）、近似函数法（积分宽度）以及 Voigt 函数法（单峰法）等，这里只介绍常用的 Hall 和近似函数法。

（1）Hall 法　如果两种效应是线性叠加，则由式（4-1）和式（4-2）可得：

$$\beta=\beta_L+\beta_D=K\lambda/L\cos\theta+4e\tan\theta \qquad (4-8)$$

经整理得：

$$\beta\cos\theta/\lambda=K/L+4e\sin\theta/\lambda \qquad (4-9)$$

这样只要测出两个以上同一面式（对各向同性晶体，不同面式也行）的衍射峰，将 $\beta\cos\theta/\lambda$ 对 $\sin\theta/\lambda$ 作图，或用最小二乘法求得最佳直线，其截距的倒数为 L（Å）（取 $K=1$），斜率为 $4e$。

（2）近似函数法　所谓近似函数法就是积分宽度法，其特点是选用适当的已知函数（例如高斯或柯西函数）对两种效应进行模拟。

如果认为晶粒大小和晶格畸变都满足柯西函数，并用 $s=2\sin\theta/\lambda$ 作变量，则由（4-9）式得到：

$$\delta_s=1/L+2es \qquad (C\text{-}C) \qquad (4-10)$$

作出 δ_s-s 图，直线在纵坐标上的截距倒数为分离畸变后的晶粒大小，从斜率可得晶格畸变的百分数。

如两者都为高斯函数，则有：

$$(\delta_s)^2=(1/L)^2+(2es)^2 \qquad (G\text{-}G) \qquad (4-11)$$

同样作出 $(\delta_s)^2$-s^2 图，也可得 L（Å）和 e。

经验证明，实际试样的晶粒细化更接近柯西函数，晶格畸变更接近于高斯函数，通过推导，并用弧度为单位，则可得到

$$\frac{(\delta 2\theta)^2}{\tan^2\theta}=\frac{\lambda}{L}\left(\frac{\delta 2\theta}{\tan\theta\sin\theta}\right)+16e^2 \qquad (C\text{-}G) \qquad (4-12)$$

同理作式（4-12）图，亦可获得 L（Å）和 e。

三、测量步骤

仅以 Hall 方法测定在 700℃ 轻烧方镁石的晶粒大小和晶格畸变为例，说明测量的一般步骤。

（一）仪器宽化的测定

为扣除仪器宽化对待测试样衍射峰宽化的影响，必须用试样测定仪器宽度 b。

1. 标样的选择原则

标样既可与待测物质相同，也可不同，但都要求它们结晶良好，且无晶格畸变，晶粒度在 $5\sim25\mu m$ 之间，这样才能获得正确的仪器宽化曲线。

2. 实验条件的选择

接收狭缝 R_S 在 0.15mm 以下，若用连续扫描，应满足 $\omega\tau/r\approx2$，其中，r 为 R_S 的宽度，ω 为扫描速度（°/min），τ 为时间常数（s）。

3. 峰宽的测量

常用定峰宽的方法有以下两种。

（1）半高宽法　将衍射峰最大值一半处的峰形宽度定为半高宽 $\beta_{1/2}$，如图 4-2（a）所示。

（2）积分宽度法　将衍射峰的积分强度 I_N 除以峰高的强度 I_P 所得的值 β_i 定为积分宽度，即：

$$\beta_i = \frac{I}{I_P} \int I(2\theta)\, \mathrm{d}(2\theta) \tag{4-13}$$

由图 4-2（b）可见，β_i 相当于一个面积等于衍射峰所占的面积，长度为 I_P 的矩形宽度。

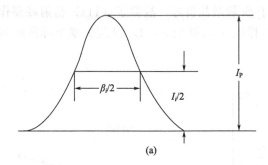
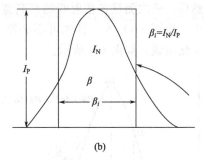

图 4-2　半高宽与积分宽度

4．$K\alpha_1$ 和 $K\alpha_2$ 双峰分离

（1）作图修正　由实际测出标样的各个衍射峰宽度 b，依据图 4-3 和图 4-4，可以算出真正由 $K\alpha_1$ 所产生的仪器宽度 b_0，过程是 b 和 $\Delta d \rightarrow \Delta d/b \rightarrow b_0/b \rightarrow b_0$。

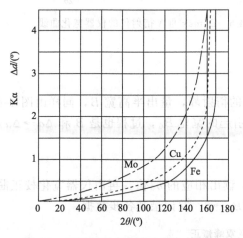
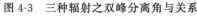

图 4-3　三种辐射之双峰分离角与关系

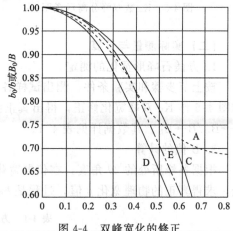

图 4-4　双峰宽化的修正

（2）Rachinger 分峰法　该方法设定 $K\alpha_1$ 和 $K\alpha_2$ 的强度比为 $2:1$，两者的波长差 $\Delta\lambda = \lambda K\alpha_1 - \lambda K\alpha_2$ 为常数，并且有相同的峰形，其分离度 $\Delta 2\theta\gamma = 2\tan\theta \Delta\lambda/\lambda K\alpha_1$，假定：$i(2\theta)$ 为 $K\alpha_1$ 的强度，$I(2\theta)$ 为实测的总强度，则：

$$I(2\theta) = i(2\theta) + \frac{1}{2} i(2\theta - 2\Delta\theta_\gamma) \tag{4-14}$$

由此，可用作图法或计算机分离 $K\alpha$ 数双峰，如图 4-5 所示。

5．作出仪器宽化曲线

将无晶格畸变，晶粒在 $5\sim25\mu m$ 间的单晶硅粉选为标样，按上述要求，测量硅粉各个衍射峰，其实验条件为：

仪器：BD3200 型衍射仪。

辐射：Cu $K\alpha$。

靶功率：$35kV \times 30mA$。

衍射几何：DS1°、SS1°、RS0.15mm。

滤波器：石墨单色器。

扫描速度：0.5°/min。

然后，依次测量各衍射峰的半高宽，由于 Si 粉结晶良好，故除了（111）衍射峰要作双峰修正（用图 4-4）外，其他可不必修正。这样以 b_0 为纵坐标，以 2θ 值为横坐标所得到的仪器宽化曲线，如图 4-6 所示。

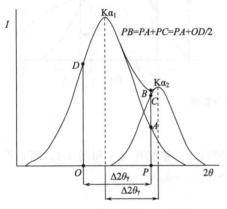

图 4-5　Kα 数双峰分离示意图

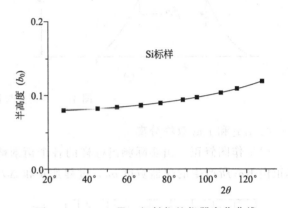

图 4-6　D/max-ⅢA 衍射仪的仪器宽化曲线

（二）实际测量与计算

1. 方镁石峰形宽化的测定

按上节步骤和实验条件，测出试样各个宽化了的衍射峰，量出半高宽 B，同样由图 4-4 和图 4-5 作 Kα 双峰宽化修正，得出真正由 $K\alpha_1$ 所引起的宽化 B_0，过程也是 B 和 $\Delta d \rightarrow \Delta d/B \rightarrow B_0/B \rightarrow B_0$。其数据详见表 4-1。

2. B 值的计算

根据各峰所处的 2θ 角度，在仪器宽化曲线上，读出相应的 b_0 值，再由仪器宽化校正曲线，求得真正的物理宽化 β 值，过程是 $b_0/B_0 \rightarrow \beta/B_0 \rightarrow \beta$，并记录其各步数据。

表 4-1　方镁石峰宽及双峰修正

峰号	hkl	$2\theta/(°)$	$B/(°)$	$\Delta d/(°)$	$\Delta d/B$	B_0/B	$B_0/(°)$
1	111	36.850	0.375	0.09	0.24	0.92	0.345
2	200	42.825	0.488	0.11	0.23	0.93	0.451
3	220	62.212	0.588	0.17	0.29	0.88	0.514
4	311	74.575	0.650	0.21	0.32	0.85	0.553
5	222	78.525	0.688	0.23	0.33	0.84	0.578
6	400	93.962	0.850	0.29	0.34	0.83	0.706
7	420	109.644	1.112	0.40	0.34	0.81	0.901
8	422	127.250	1.475	0.56	0.38	0.79	1.158

在实际测量时，可视具体情况和精度要求来决定修正的方式，即：

（1）当 $B/b>8$ 时，可不必进行 Kα 双峰校正，直接以标样半高宽 b 当作仪器宽度，于是物理宽度 $\beta=B-b$。

（2）当 $8 \geqslant B/b \geqslant 3$ 时，可用图 4-5 进行 $K\alpha$ 双峰修正，而后作仪器宽化校正，求出 β。

（3）当 $B/b < 3$ 时，宜采用 Rachinger 分峰法，得出纯 $K\alpha_1$ 衍射峰的 B_0 和 b_0，再求出纯物理宽化 β 值。

3. 晶粒大小和晶格畸变的计算

首先应判断该试样衍射峰宽化是否全为晶粒细化引起的，对此，只要看 β 是否与 $1/\cos\theta$ 成正比，亦 $\cos\theta/\lambda$ 是否为常数，它若逐渐增大，表明试样内存在宽化效应。

实验 五

宏观内应力的测定

实验目的

1. 了解用 X 射线衍射方法测定宏观内应力的基本原理。
2. sin² ψ 法在 X 射线衍射仪上测定宏观内应力的方法及其测试步骤。

实验原理

一、基本原理

宏观内应力是指当产生应力的因素去除后，在物体内部相当大的范围内均匀分布的残余内应力。

最简单的受力状态是单轴拉伸。假如，向一根试棒的轴向 Z 施加一定的拉力，它的长度将由拉伸前的 L_0 变为拉伸后的 L_f，所产生的轴向应变 ε_z 应为：

$$\varepsilon_z = \frac{L_f - L_0}{L_0} \tag{5-1}$$

根据虎克定律，其弹性应力 σ_z 为

$$\sigma_z = E\varepsilon_z \tag{5-2}$$

式中，E 为弹性模量。

在拉伸过程中，试样的直径将由拉伸前的 D_0 变为拉伸后的 D_f，与此同时，试样内各晶粒中与轴向平行的晶面的面间距 d 也会由拉伸前的 d_0 变为拉伸后的 d_f。因此，可以用晶面间距的相对变化来表达径向应变 ε_z 和 ε_r：

$$\varepsilon_z = \varepsilon_r = \frac{D_f - D_0}{D_0} = \frac{d_f - d_0}{d_0} = \frac{\Delta d}{d} \tag{5-3}$$

在各向同性的试样中，径向应变与轴向应变的关系为：$-\varepsilon_z = -\varepsilon_r = \nu\varepsilon_z$，$\nu$ 为泊松比，负号表示收缩，于是有

$$\sigma_z = -\frac{E}{\nu} \times \frac{\Delta d}{d} \tag{5-4}$$

利用布拉格方程的微分关系 $\Delta d / d = -\cot\theta \cdot \Delta\theta$，可将式（5-4）写成：

$$\sigma_z = \frac{E}{\nu}\cot\theta \cdot \Delta\theta \tag{5-5}$$

式中，$\Delta\theta = \theta_f - \theta_0$，$\theta_f$ 和 θ_0 分别为拉伸后和拉伸前的布拉格角。式（5-5）表明，当试样中

存在残余内应力时，会使衍射线产生位移，这就为我们提供了用 X 射线衍射方法测定宏观内应力的实验依据。这里要注意，以测量衍射线位移作为原始数据，所测定的实际上是残余应变，而残余应力是通过弹性常数由残余应变计算得到的。

根据实际应用的需要，用 X 射线衍射方法主要是测定沿试样表面某一方向上的残余内应力 σ_Φ。为此，需要利用弹性力学理论求出 σ_Φ 的表达式。由于 X 射线对试样的穿入能力有限，只能探测试样的表层应力，所以可将试样表层的应力分布看成为二维应力状态，即垂直试样表面的主应力 $\sigma_3 = 0$（注意该方向的主应变 $\sigma_3 \neq 0$）。由此可求得与试样表面法向成 φ 角的应变 ε_ψ 的表达式为

$$\varepsilon_\psi = \frac{1+\nu}{E}\sigma_\Phi - \frac{\nu}{E}(\sigma_1 + \sigma_2) \tag{5-6}$$

式中，σ_1 和 σ_2 为沿试样表面的主应力。

将式（5-6）对 $\sin^2\psi$ 求偏导，可得

$$\sigma_\Phi = \frac{E}{1+\nu} \times \frac{\partial \varepsilon_\psi}{\partial \sin^2\psi} \tag{5-7}$$

用晶面间距的相对变化 $(\Delta d/d)_\psi$ 或 $2\theta_\psi$ 角位移 $\Delta 2\theta_\psi$ 表达式应变 ε_ψ，即 $\varepsilon_\psi = (\Delta d/d)_\psi = -\cot\theta_0 \cdot \Delta\theta_\psi = -\cot\theta_0(\theta_\psi - \theta_0)$，$\theta_0$ 和 θ_ψ 分别为 $\psi=0$ 和各 ψ 角下的布拉格角，于是可将式(5-7)写成

$$\sigma_\Phi = -\frac{E}{2(1+\nu)} \times \cot\theta_0 \times \frac{\partial (2\theta)_\psi}{\partial \sin^2\psi} \tag{5-8}$$

式(5-8)中的 $2\theta_\psi$ 是以弧度为单位，为了实际计算方便，通常将 2θ 由弧度换算成角度单位表示，为此要乘上因数 $(\pi/180)$，于是可将式(5-8)写成

$$\sigma_\Phi = -\frac{E}{2(1+\nu)} \times \cot\theta_0 \times \frac{\pi}{180} \times \frac{\partial (2\theta)_\psi}{\partial \sin^2\psi} \tag{5-9}$$

或写成

$$\frac{\partial (2\theta)_\psi}{\partial \sin^2\psi} = \sigma_\Phi/K = M \tag{5-10}$$

式中，$K = -\dfrac{E}{2(1+\nu)} \times \cot\theta_0 \times \dfrac{\pi}{180}$，对同一试样，当选定(HKL)反射面和辐射波长时，K 称为应力常数。

式(5-10)表明，$2\theta_\psi$ 与 $\sin^2\psi$ 成线性关系，其斜率为 $M = \sigma_\Phi/K$。如果在不同的 ψ 角下精确测量 $2\theta_\psi$ 值，然后将 $2\theta_\psi$ 对 $\sin^2\psi$ 作图，称为 $2\theta_\psi$-$\sin^2\psi$ 关系图，便可从直线斜率 M 中求得 $\sigma_\Phi = KM$。$M < 0$ 时，为拉应力；$M > 0$ 时，为压应力；$M = 0$ 时，无应力存在。

二、测试方法及步骤

这里主要介绍用 $\sin^2\psi$ 法在 X 射线衍射仪上测定宏观内应力的方法及其测试步骤。

1. 试样处理

在 X 射线衍射仪上只能测试较小的试样或部件。测试前要对被测表面进行清洁处理。所采用的处理措施不应破坏被测对象的原始应力状态。一般的处理方法是，首先用汽油洗去表面的油泥和脏污，然后用水磨砂纸磨去表面氧化皮，再根据不同试样选用合适的酸度水溶液侵蚀，去除因磨光表面所造成的表面应力层。

2. $2\theta_\psi$ 的测量

（1）用 $\sin^2\psi$ 法测定宏观内应力的原始数据是各 ψ 角下的 $2\theta_\psi$ 值。ψ 是正应力 σ_ψ（或正应

变 ε_ψ）方向与试样表面法线之间的夹角。在衍射仪上测试时，ψ 是反射面法线与试样表面法线之间的夹角。通常取 $\psi=0°$、$15°$、$30°$ 和 $45°$。为此，需要通过试样倾动来实现在 $\psi=0°$、$15°$、$30°$ 和 $45°$ 的位置，分别以 θ-2θ 联合驱动方式，精确地测量各 ψ 角对应的 $2\theta_\psi$ 值。

（2）在衍射仪上 ψ 角的倾动方式有两种：

① 试样绕与测角仪轴垂直的水平轴倾动，ψ 角倾动面与测角仪平面垂直称为侧倾法。为实现这种倾动，需要在常规测角仪上装配一个能绕测角仪水平轴倾动的专用试样架。此外也可以借助于织构测角仪来实现这种侧倾法测试。为了减小由于试样侧倾所造成的离轴误差，最好采用水平狭缝。由于侧倾法扫描测量平面不在 ψ 角的倾动面，所以基本上不受试样吸收的影响，各 ψ 角下所测的衍射峰强度比较接近，从而可提高测量精度。

② 试样绕测角仪轴倾动，ψ 角的倾动面在测角仪平面内。如果用 ψ_0 表示入射线与试样表面的夹角，则 ψ_0 与 ψ 的关系为：$\psi_0=\theta_0\pm\psi$，其中，"+"、"−"号分别表示向高衍射角或向低衍射角方向倾动。在 θ 和 2θ 角可单独驱动的测角仪上，实现这种倾动只需在测量前单独驱动 θ 角使试样达到与 ψ 角对应的 ψ_0 位置即可，不需要另装专用试样架。然后再以 θ-2θ 联合驱动方式测量选定的(HKL)衍射峰的 $2\theta_\psi$ 值。由于这种倾动改变了衍射聚焦几何，使衍射线的聚焦点离开了计数器接收狭缝，所测得的衍射峰强度也会随 ψ 角增大而变弱。在这种情况下，即使是无应力存在的试样，其 $2\theta_0$ 与 $2\theta_\psi$，一般也不会相等。对这种由于试样倾动而引起的附加误差 $\Delta2\theta_\psi$，可用相应的粉末标样（无应力存在）进行校正。

（3）测量参数的选定。为了测得精确的 $2\theta_\psi$ 值，要尽可能选择高指数的、不重叠的、足够强的衍射峰作为测试对象。选用较小的发散狭缝和计数器接收狭缝，用步进扫描或慢速连续扫描测量方式。最好使用晶体单色器。

3. 数据处理和衍射峰位角的确定

对所测得的 $2\theta_\psi$，原始数据，要进行扣除背底、数据平滑、去除 $K\alpha_2$ 的影响、角因子（洛伦兹－偏振因子）校正等数据处理。然后用三点或多点抛物线法确定衍射峰位角，从而得到精确的 $2\theta_\psi$ 值。

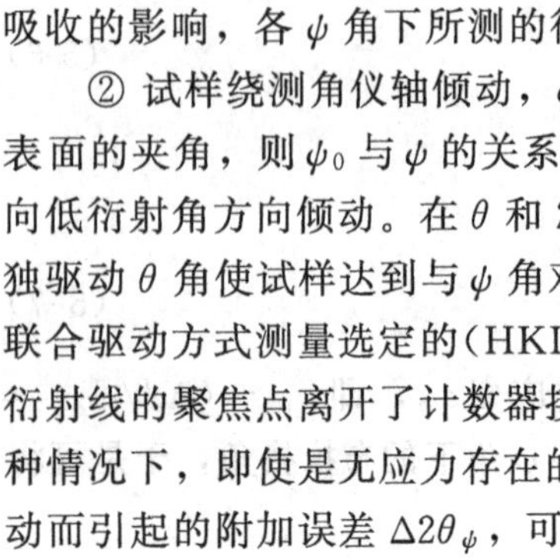

用三点抛物线法确定衍射峰位的做法是，在衍射峰顶强度最大值的两侧取三个等距的实测数据点（$2\theta_1$, I_1)、（$2\theta_2$, I_2)、（$2\theta_3$, I_3)，如图 5-1 所示。然后按式(5-11)计算确定衍射峰值角 $2\theta_0$：

图 5-1 三点抛物线法确定峰位

$$2\theta_0=2\theta_1+\frac{\Delta2\theta}{2}\left(\frac{3a+b}{a+b}\right) \tag{5-11}$$

式中，$\Delta2\theta=2\theta_2-2\theta_1=2\theta_3-2\theta_2$；$a=I_2-I_1$；$b=I_3-I_2$。

衍射数据处理和峰位角的确定，均可利用现代 X 射线衍射仪的数据处理程序进行。

4. 绘制 $2\theta_\psi$-$\sin^2\psi$ 关系图及其斜率的测定

用经数据处理后的 $2\theta_\psi$ 值和试样倾动角 ψ 值绘制以 $2\theta_\psi$ 为纵坐标，$\sin^2\psi$ 为横坐标的 $2\theta_\psi$-$\sin^2\psi$ 关系图，再利用最小二乘方法将各数据点回归成直线方程：

$$2\theta_\psi=b+M\sin^2\psi \tag{5-12}$$

式中，斜率 M 和截距 b 的计算公式分别为

$$M=\frac{\sum_{}^{n}2\theta_\psi\sum_{}^{n}\sin^2\psi-n\sum_{}^{n}2\theta_\psi\cdot\sin^2\psi}{\left(\sum_{}^{n}\sin^2\psi\right)^2-n\sum_{}^{n}\sin^4\psi} \tag{5-13}$$

$$b = \frac{\sum\limits^{n} 2\theta_\psi \cdot \sin^2\psi \sum\limits^{n} \sin^2\psi - \sum\limits^{n} 2\theta_\psi \sum\limits^{n} \sin^4\psi}{(\sum\limits^{n} \sin^2\psi)^2 - n \sum\limits^{n} \sin^4\psi} \tag{5-14}$$

式中，n 为测量数据点的数目。然后用图解法或解析计算法求得关系直线的斜率 M。

5. 应力常数及内应力计算

由 $2\theta_\psi\text{-}\sin^2\psi$ 关系图的斜率 M 计算内应力 $\sigma_\psi = KM$[参见式(5-10)]时，需要引入应力常数 K。X射线衍射方法测定的残余应变是通过晶面间距的相对变化测得的，它是选测反射面法向的残余应变。这里的弹性常数 E 和 ν 与宏观力学的弹性常数是有差别的。因此，用X射线衍射方法测定宏观内应力时，一般不能直接引用宏观力学的弹性常数。只有对各向异性较弱的物质或只对内应力的相对变化感兴趣时，方可直接引用宏观力学的弹性常数计算内应力。当要求准确地测定宏观内应力时，则要用X射线衍射方法测定弹性常数。其测定方法如下：

为了表达方便，令 $S_1^x = -\nu/E$，$S_2^x = 2(1+\nu)/E$。在单轴拉伸的情况下，$\sigma_2 = 0$，$\sigma_\psi = \sigma_1$，由式(5-6)可得

$$\varepsilon_\psi = \frac{1}{2} S_2^x \sigma_1 \sin^2\psi + S_1^x \sigma_1 \tag{5-15}$$

将式(5-15)对 $\sin^2\psi$ 求偏导得

$$\frac{\partial \varepsilon_\psi}{\partial \sin^2\psi} = \frac{1}{2} S_2^x \sigma_1 \tag{5-16}$$

再将式(5-16)对 σ_1 求偏导得

$$\frac{\partial}{\partial \sigma_1}\left(\frac{\partial \varepsilon_\psi}{\partial \sin^2\psi}\right) = \frac{1}{2} S_2^x \tag{5-17}$$

用X射线衍射方法测定弹性常数，需要在常规测角仪上装配即能对试样施加和测量拉伸应力，又能绕调角仪水平轴倾动的专用试样架。具体的实施方法是：制备与被测试对象的材质和状态相同的单轴拉伸试样。将其安装在测角仪的专用试样架上，在分别施加不同的已知拉应力 σ_1（所加的拉应力不超过该材料的屈服极限）的同时，于每种应力下分别测绘 $\varepsilon_\psi\text{-}\sin^2\psi$ 关系图，如图5-2所示。并从中求得各关系直线的斜率 $S_2^x \sigma_1/2$。然后再作已求得的斜率 $S_2^x \sigma_1/2$ 与已知拉应力 σ_1 的关系图，如图5-3(a)所示。从中求得关系直线的斜率 $S_2^x/2$，即可得到弹性常数 $(1+\nu)/E$ 值。进而可计算得到应力常数 K 值。

为了求 S_1^x，将式(5-13)在 $\psi = 0$ 的情况下对 σ_1 求偏导可得

$$\frac{\partial \varepsilon_{\psi=0}}{\partial \sigma_1} = S_1^x \tag{5-18}$$

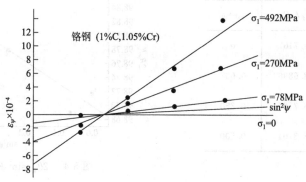

图5-2　不同应力下单轴拉伸的 $\varepsilon_\psi\text{-}\sin^2\psi$ 关系图

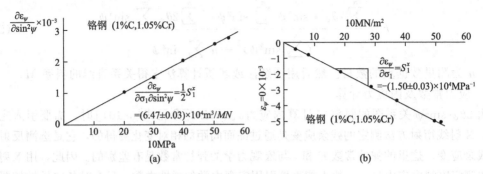

图 5-3　弹性常数的虎克直线

作 $\varepsilon_{\psi=0}$ 与 σ_1 的关系图，如图 5-3(b) 所示。从中求得其斜率，即为 $S_1^x = -\nu/E$。

最后，由测得到的 $2\theta_\psi\text{-}\sin^2\psi$ 关系图的直线斜率 M 和应力常数 K，计算宏观内应力 $\sigma_\psi = KM$。

三、测算实例

1. 在织构测角仪上测定 Q235（A3）钢焊缝的宏观内应力

（1）试样处理　用汽油洗去表面油污，用水磨砂纸磨平表面和去掉表面氧化皮。然后用 10%硝酸酒精溶液侵蚀 5min。

（2）测试方法　用 $\sin^2\psi$ 法，在织构测角仪上用测倾法测量 $2\theta_\psi$ 值，倾角 ψ 取 0°、15°、30°和 45°四个测量点。

（3）测量条件　选测 220 衍射峰，用 CuKα 辐射加石墨单色器，40kV，35mA，点光源，计数器接收狭缝 0.05°；测量范围 $2\theta = 97°\sim101°$；步进扫描：步长 0.02°，步进时间 10s。

（4）数据处理　用 ADR 数据处理程序对 $2\theta_\psi$ 的原始测量数据进行扣除背底，数值平滑：去除 $K\alpha_2$ 的影响，确定峰位等处理后给出精确的 $2\theta_\psi$ 值，列于表 5-1。图 5-4 绘制的是 $2\theta_\psi\text{-}\sin^2\psi$ 关系图。

（5）计算结果　用式（5-13）和式（5-14）分别计算的 $M=0.3464$，$b=98.6930$，回归成的直线方程为：$2\theta_\psi=98.6930+0.3464\sin^2\psi$。

利用 α-Fe 的宏观力学弹性常数：$E=205939.65\text{MPa}$，$\nu=0.28$，计算的应力常数 $K=-1202.6583\text{MPa}$。

表 5-1　$2\theta_\psi$ 和 $\sin^2\psi$ 数值表

$\psi/$（°）	$2\theta_\psi/$（°）	$\sin^2\psi$
0	98.7167	0
15	98.6896	0.067
30	98.7785	0.250
45	98.8704	0.500

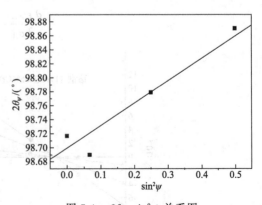

图 5-4　$2\theta_\psi\text{-}\sin^2\psi$ 关系图

宏观内应力 $\sigma_{\Phi}=KM=-416.601\text{MPa}$。

2. 在常规测角仪上测定 Q 235(A3) 钢焊缝的宏观内应力

（1）试样处理　用汽油洗去表面油污，用水磨砂纸磨平表面和去掉表面氧化皮。然后用 10% 硝酸酒精溶液侵蚀 5min。

（2）测试方法　用 $\sin^2\psi$ 法，在常规测角仪上，通过试样绕测角仪轴倾动实现在 $\psi=$ 0°、15°、30° 和 45° 的位置分别测量 $2\theta_\psi$ 值。

（3）测量条件　选测 220 衍射峰，用 $CuK\alpha$ 辐射加石墨单色器，40kV，35mA 发散狭缝 1°，计数器接收狭缝 0.05°；测量范围：$2\theta_\psi=97°\sim101°$；步进扫描：步长 0.02°，步进时间 10s。

（4）数据处理　用 ADR 数据处理程序对 $2\theta_\psi$ 的原始数据进行扣除背底、数值平滑、去除 $K\alpha_2$ 的影响、确定峰位等处理后，给出精确的 $2\theta_\psi$ 值。然后用电解铁粉作标样对试样绕测角仪轴倾动造成的附加误差 $\Delta 2\theta_\psi$ 进行校正。$2\theta_\psi^{校}=2\theta_\psi^{测}-(2\theta^{标}-2\theta_0^{标})$。$2\theta_\psi^{测}$，$2\theta^{标}$ 和 $2\theta_\psi^{校}$ 的数值列于表 5-2。图 5-5 是由校正后的 $2\theta_\psi$ 值绘制的 $2\theta_\psi$-$\sin^2\psi$ 关系图。

表 5-2　$2\theta_\psi$ 和 $\sin^2\psi$ 数值表

$\psi/(°)$	$2\theta_\psi^{测}/(°)$	$2\theta^{标}/(°)$	$2\theta_\psi^{校}/(°)$	$\sin^2\psi$
0	98.8943	99.0145	98.8943	0
15	98.8936	99.0326	98.8755	0.067
30	98.0408	99.0807	98.9746	0.250
45	99.1180	99.1306	99.0020	0.500

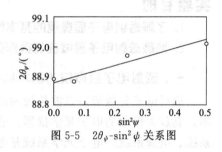

图 5-5　$2\theta_\psi$-$\sin^2\psi$ 关系图

（5）计算结果　利用式（5-13）和式（5-14），由表 5-2 中的 $2\theta_\psi^{校}$ 和 $\sin^2\psi$ 数据计算得到的斜率 $M=0.2538$，截距 $b=98.8848$，回归成的直线方程为：$2\theta_\psi=98.8848+0.2538\sin^2\psi$。

利用 α-Fe 的宏观力学弹性常数：$E=205939.65\text{MPa}$，$\nu=0.28$，计算得到的应力常数：$K=-1202.6583\text{MPa}$。

宏观内应力 $\sigma_\psi=-KM=-305.235\text{MPa}$。

实验六

透射电子显微镜的基本结构、工作原理和操作方法

实验目的

1. 了解透射电子显微镜的基本结构。
2. 熟悉透射电子显微镜的操作原理。

一、透射电子显微镜的基本结构

透射电子显微镜是以波长极短的电子束作为照明源，用电磁透镜聚焦成像的一种高分辨率，高放大倍数的电子光学仪器。透射电子显微镜由三大系统组成，即电子光学系统、真空系统、电源系统。电子光学系统是电镜的主体部分，由于它采用圆柱式积木形式，所以又把它叫镜筒。电子从最上部的电子枪发射出来后，在加速管内被加速，通过聚光镜，照射到试样上。透过试样的电子束被物镜，中间镜，投影镜放大，成像在荧光屏上。图像通过观察窗观察，再利用 CCD 拍摄照片。图 6-1 为 JEOL 2010 透射电子显微镜。

（一）电子光学系统

沿着电子在镜筒内的路径，可以将电子光学系统分为以下三部分，即照明系统，聚光镜和偏转系统以及成像系统，图像显示记录系统。

1. 照明系统

照明系统由电子枪（电子源）、聚光镜、平移对中、倾斜装置组成。它的作用是提供一个高亮度、高稳定度、照明孔径角小的光源。电子枪是产生电子的装置，它位于电子显微镜的最上部，由于电子枪的种类不同，电子束的束斑直径、能量的发散度也不同。这些参数在很大程度上决定了照射到试样上的电子的性质。电子枪大致可以分为热电子发射型和场发射型两种类型。热电子发射型又分发夹式钨灯丝和高亮度 LaB6 单晶灯丝两种。场发射型也分冷阴极和热阴极两种方式。与热电子发射型相比，场发射型有更高的亮度和更好的相干性。

2. 聚光镜和偏转系统

（1）聚光镜 由两个磁透镜和两个透镜光阑组成。作用是把电子枪提供的电子束直径进一步会聚缩小，以便得到一束强度高、直径小、抗干扰性好的电子束（照明光源）。第一聚光镜是强磁透镜，焦距短透镜。作用是用来控制束斑大小，把电子枪发出的电子束直径缩小 $1/10 \sim 1/50$，并成像在第二聚光镜的物平面上。第一聚光镜光阑使光束进一步会聚。第二聚光镜是弱磁透镜，焦距较长。作用是控制照明孔径角和照明面积。一般适焦时放大 2 倍，它

把第一聚光镜缩小后的光斑成像在样品上为进一步改善样品上的照明条件。第二聚光镜下加活动光阑，挡住远轴光线以减小球差、减小照明孔径角。同时放置聚光镜消像散器，以消除像散。双聚光镜的优点：可在较大范围内调节电子束束斑大小，限制样品被照射面积，使样品减少污染，减小热漂移。

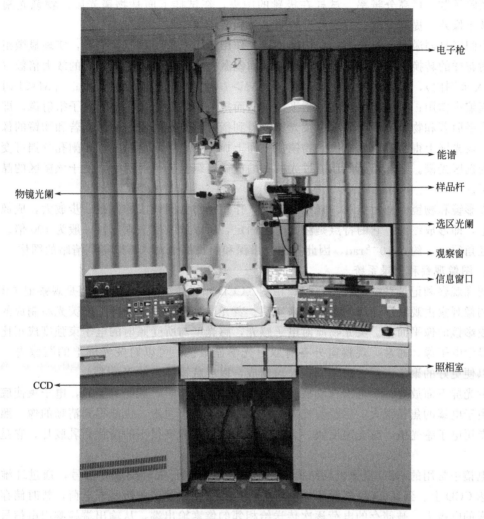

图 6-1　JEOL 2010 透射电子显微镜

（2）平移对中、倾斜装置　使电子束平移，倾斜用电磁偏转器来实现。电磁偏转器的工作原理：上下两个偏转线圈联动。如果上下偏转线圈对电子束偏转的角度相同而方向相反，就实现电子束的平移运动。如果上偏转线圈使电子束顺时针偏转 θ 角，下偏转线圈使电子束逆时针偏转 $\theta+\beta$ 角，则电子束相对于原来的方向倾斜了 β 角，而入射点位置不变。

（3）垂直照明和倾斜照明　垂直照明是照明电子束中心线与成像系统轴线重合，用于明场成像；倾斜照明是照明电子束中心线与成像系统轴线成一定夹角（2°～3°）用于暗场成像。采用电磁偏转器来调节照明电子束倾斜度。

3. 成像系统

成像系统由试样室（试样架）、物镜、中间镜、投影镜组成，它的作用是成像和图像放大。

试样室是放置试样台的地方，试样台装载着直径 3mm 的试样。观察试样时为了满足不同要求，试样台的种类很多。为了调节试样晶体学方位有单倾试样台和双倾试样台。

物镜（objective lens）用来成试样的第一幅像，透射电子显微镜分辨率的高低，主要取决于物镜。物镜是强激磁短焦距透镜，像差小。还借助于物镜光阑和消像散器进一步减小球差，消除像散，提高分辨率。试样在极靴的中央，在试样下面是物镜光阑。物镜光阑的作用：减小像差、提高衬度、方便地进行明场像和暗场像操作。

中间镜是弱激磁、长焦距、变倍率透镜。作用是用来控制总放大倍数，实现显微组织像和衍射花样的转换。它的特点是通过调整中间镜激磁电流，可改变中间镜的放大倍数（一般 0～20X 范围内），从而控制总放大倍数。当 $M>1$ 时，中间镜起放大作用；当 $M<1$ 时，中间镜起缩小作用；可改变中间镜的物平面，从而把电子显微镜像转变为电子衍射像，即中间镜的物平面若和物镜的后焦面重合荧光屏上得到衍射像。中间镜的物平面若和物镜的像平面重合，荧光屏上得到电子显微像。物镜像平面上加有一个中间镜光阑，光阑孔分挡可变，通常称为选区光阑。它作用是仅让通过光阑孔的显微组织提供衍射信息，便于该微区的晶体结构分析。

投影镜和物镜一样短焦距、强激磁透镜。作用是将中间镜成的像进一步放大，成像在荧光屏上，即形成终像。它的特点是激磁电流固定，所以放大倍数固定，一般为 100 倍。投影镜孔径角很小，约为 10^{-5} rad，因此投影镜景深和焦长都很大，可以得到清晰的图像。

4. 图像观察和记录系统

图像观察和记录系统由观察室和照相室（CCD 相机）组成，它的作用是观察记录图像。

图像观察由观察室底部的荧光屏来实现。荧光屏是在铝板上均匀涂布荧光粉制成的。安装在投影镜的像平面上。荧光物质对电子感光，感光度与所受照射的电子束强度成正比，所以能显示电子像。通常，观察窗外备有双目光学显微镜。可以对荧光屏上的图像进一步放大，以便更好的聚焦。观察窗是用铅玻璃制成，以屏蔽镜体内的 X 射线。

荧光屏下面放置一个可以自动换片的照相暗盒，照相时，荧光屏竖起，电子束使底板曝光。由于电镜的焦长很大，尽管荧光屏与底板之间有数十厘米，也能得到清晰的像。照相底板是专用电子感光板，感光速度快、分辨率高。常用颗粒度很小的溴化物乳胶片，它是红色盲片。

电镜中常用的 CCD 摄像机的结构。闪烁器将入射电子束转换成光信号，通过纤维光导板到达 CCD 上。到达 CCD 表面半导体电极上的光按照强度比例转换成电荷，暂时储存在各个像素的电极上。被储存的电荷逐次传送给相邻的像素输出端，从输出端检测出电信号。这样，CCD 摄像机一边低速扫描一边积蓄电荷，检测出电信号。因此，它比通常的 CCD 摄像机检测灵敏度高、动态范围宽。

（二）真空系统

透射电镜的电子通道是处于高真空状态的。真空系统的功能是不断地排除镜体内的气体，把真空度维持在 10^{-5}～10^{-8} Pa，保证电镜正常工作。为了保持电子束的稳定，采用专用离子溅射泵（SIP：抽气速度为 15L/s）抽电子枪的真空，为了防止加速管放电，采用专用的抽气速度为 60L/s 的离子溅射泵（SIP）来抽加速管部分的真空，可以达到 3×10^{-5} Pa 的超高真空度。在加速管与镜筒之间，设计了一个中间室以实现梯度真空状态。试样室和镜筒的真空用 150L/s 的离子溅射泵来抽，试样周围的真空度可以达到 3×10^{-5} Pa。为了减少试样污染，采用的是离子干式泵真空系统。而且，带有烘烤镜筒内壁和试样台的功能。同时，在试样附近还装有用液氮冷却的防污染装置，照相室和底片的排气量大，所以，采用

420L/s的油扩散泵（DP）抽真空，镜筒与照相室之间也处于梯度真空状态，扩散泵的前一级采用机械泵（RP）排气。

（三）电源系统

电源系统的功能是保证电镜中所有用电部分的供电。高压电源：供给电子枪，使电子加速。低压电源：供给阴极，使阴极加热，发射电子；供给电磁透镜，使电子聚焦成像；供给真空系统（启动机械泵等）；供给自动控制系统（指示灯、照明灯）。为保证电镜具有高分辨率，对电压和电流稳定度都有严格要求。高压电源电压稳定度为 10^{-6} 数量级，为达到此目的，高压元件都浸在变压器油箱里或氟里昂的绝缘气体内，以防不正常放电，影响稳定度。供给电磁透镜的电源，电流稳定度为 10^{-5} 数量级，靠稳流线路来保证。除此之外对外线路的稳定性也有要求。通常要安装专用线，至少同一线路中不能有大的电压和电流冲击，不能与电焊机、热处理炉等设备使用同一线路。相距 50m 内不能有变电站，20m 内不能有电梯等。

二、透射电子显微镜的工作原理

电子显微镜中，除了电子枪使用静电透镜原理外，均使用电磁透镜，也即利用通以电流的轴对称短线圈产生的磁场，使电子束改变运动方向而起到聚焦、放大的作用。描述电磁透镜性能的指标用焦距 f 表示，f 与该透镜的磁场的关系如下：

$$\frac{1}{f} = \frac{e}{8mV} \int_{-\infty}^{\infty} H_z{}^2 dz \tag{6-1}$$

其中，H_z 为磁场在透镜轴方向上的分量；V 为电子的加速电压；m、e 分别为电子的质量和电荷。对于半径为 R，载有电流 I 的 N 匝线圈，轴上磁场 H_z 由下式决定：

$$H_z = \frac{2\pi R^2 NI}{(z^2 + R^2)^{3/2}} \tag{6-2}$$

因此磁透镜的焦距是通过改变透镜电流而进行调整的。而透镜的放大倍数是由焦距决定的，故电镜中的聚焦与放大都是通过改变透镜电流来达到。运动电子在磁透镜的磁场中运动，由于受罗仑茨力的作用，不仅受向轴靠拢力的作用，同时还受到绕轴旋转力的作用，加速电压为 V 的电子通过励磁强度为 H_z 的磁场后，旋转角度 θ 由下式决定：

$$\theta = \left(\frac{e}{8mV}\right)^{1/2} \int_{-\infty}^{\infty} H_z dz \tag{6-3}$$

在电子显微镜中，对于一般像的观察无须考虑像的旋转，但在分析物相的晶体学特征时，就要考虑这种相对旋转角的关系。公式（6-1）和公式（6-3），均在轴对称磁场和傍轴成像前提下成立，若此条件被破坏，则焦距 f 和像转角 θ 将与 H_r 及 H_Q 有关，即放大倍数与像转角均为 r 与 Q 的函数，这必导致像与物的对应性破坏，产生了像差。为此，透射电镜的严格合轴（满足傍轴条件）以及附加一可调节的磁场（消像散器），确保磁场满足轴对称性是获得高质量像的必要条件。

三、透射电子显微镜的操作方法

1. 准备试样

① 装试样入 HOLDER（样品台），检查双 O-RING。放 HOLDER 入测角台，开始预抽真空。

② 将 MONITOR 调到真空图的页面，便于确认真空系统动作顺序。

2. 升高压　确认高压 READY 灯亮否？

① 手动升法　没有什么定式，原则：慢！安全！

② 自动升法

a. 打开 LENS 电源，并设定高压为 20kV。

b. 按下 HT 按钮，确认暗电流，应为 $10\mu A$ 左右。

c. 调入升压程序，按以下方法运行：

20kV→120kV STEP：1kV　时间：10min　等 1min（确认暗电流 $60\mu A$）

120kV→160kV STEP：1kV　时间：10min　等 5min（确认暗电流 $80\mu A$）

160kV→180kV STEP：1kV　时间：12min　等 5min（确认暗电流 $90\mu A$）

180kV→190kV STEP：1kV　时间：13min　等 6min（确认暗电流 $95\mu A$）

190kV→200kV STEP：1kV　时间：15min　等 10min（确认暗电流 $100\mu A$）

3. 发射电子束

① 确认离子泵（SIP）和样品台预抽室的真空（绿灯亮否?），将 HOLDER 放入镜筒中。

② 等离子泵的真空度回到原来的水平。

③ 确认 LILAMENT READY 灯亮。

④ 按下灯丝加热钮，等电子束发射稳定。

⑤ 移动样品使得电子束能够到达荧光屏上，电子束发射即告结束。

4. 合轴（使用前的简单合轴）

(1) 使用前的简单合轴

① 必须过焦照明。

② 确定物镜（OL）焦距。以物镜的励磁电流为基准来确定物镜（OL）焦距。调整物镜聚焦钮，使 MONITOR 的第一页上面 OLDV 一项为 +0，同时确认 MONITOR 的第 5 页上 OBJ 的聚焦电压值应该和 "INSPECTION CERTIFICATE" 中的数值一致。

③ 样品高度的确定。当物镜的焦距确定后，随后就需要来确定样品的高度，否则无法得到清晰的图像。

方法：调整样品台的高度（Z），使观察样品的图像正焦（用 IMAGE WOBBLER 检查聚焦情况较方便）。

④ 电压中心的确认。JEM-2010 对于电压中心合轴的好坏比较敏感，所以需要大家时刻注意电压中心。

⑤ 物镜像散。磁透镜的像散主要是和产生透镜聚焦作用的磁场分布以及强度有关，所以改变相应的量后，就要随时校正物镜像散。

(2) 聚光镜系统合轴（又称 1-4 合轴）

① 置放大倍数为 2000 倍，用 BRIGHTNESS 旋钮得到最小光斑。

② 调节 SPOT SIZE（即第一聚光镜调节钮）设置束斑大小为 1，如图 6-2 所示。

③ 合上 DEFLECTOR-GUN 开关，用 SHIFT-X 和 SHIFT-Y 旋钮对中束斑，使光斑位于荧光屏中心（即用电子枪的偏转线圈平移电子束），如图 6-3 所示。

④ 调节 SPOT SIZE 设置束斑大小为 4。

⑤ 用左、右 SHIFT 旋钮对中束斑（即用置于第二聚光镜下的偏转线圈平移电子束），如图 6-4 所示。

⑥ 重复②～⑤，直至改变 SPOT SIZE 时，光斑均位于荧光屏中心。

(3) 聚光镜光阑合轴（同心缩放）

① 调节 SPOT SIZE 设置束斑大小为 2（通常使用时的光斑尺寸）。

② 用 BRIGHTNESS 使束斑最小（即第二聚光镜电流最小），用左、右 SHIFT 旋钮会聚束斑于荧光屏中心。

③ 选择合适的光阑。

④ 调节光阑位置（光阑上有 x、y 两方向的移动钮）使得 BRIGHTNESS 在最小照明束斑位置附近顺时针和逆时针转动时，使电子束斑从荧光屏中心同心地会聚和扩散。

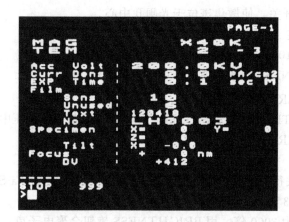

图 6-2　显示屏上的 SPOT SIZE 信息

图 6-3　控制面板上的 DEFLECTOR-GUN、SHIFT-X 和 SHIFT-Y 旋钮

图 6-4　控制面板上的 SHIFT-X 和 SHIFT-Y 旋钮

（4）聚光镜消像散

① 将 CON STIGMATOR 的开关置于 ON，即 [CONDSTIG] 灯亮。

② 调节左、右 DEF 旋钮，使光斑形状不随第二聚光镜电流的改变而变化。

（5）物镜光阑合轴

① 按下 DIFF 开关，用 BRIGHTNESS 旋钮使电子束分散开。

② 用 DIFF FOUCS 旋钮得一散焦斑（零放大斑），若该散焦斑偏离荧光屏中心，合上 DE-

FLECTOR-PROJ 开关和用 SHIFT 旋钮使束斑对中，对中后关掉 DEFLECTOR 旋钮开关。

③ 用 BRIGHTNESS 旋钮取得一最小照射束斑，并调节 SHIFT 旋钮使束斑对中于荧光屏中心。

④ 选择合适的光阑。

⑤ 用 DIFF FOCUS 旋钮聚焦光阑像。

⑥ 调节光阑位移开关，使散焦斑位于光阑孔中心。

（6）电压中心调整

① 置放大倍数为 10000 倍。

② 调节 BRIGHTNESS 旋钮，使电子束覆盖整个荧光屏。

③ 合上 WOBBLER-HT ▣▣▣ 开关。

④ 确证 BRIGHT-TILT 开关已经合上后，用左右 DEF 旋钮将电压中心引至荧光屏中心。

⑤ 关掉 WOBBLER-HT 开关。

5. 图像观察

① 合上 TEM 开关得到 TEM 照明模式。用 SPOT SIZE 开关和 a-SELECTOR 旋钮设置束斑大小值到 TEM 2-3 项内。

② 设置放大倍数为 3000 倍，用 BRIGHTNESS 旋钮会聚电子束。

③ 合上 WOBBLER-IMAGEX 和 Y 开关，电子分为两路。

④ 用 OBJ FOCUS 旋钮使分离束成为单一束。

⑤ 用 BRIGHTNESS 旋钮会聚电子束，得到单一稳定图像。如果图像有双重性，用 Z CONT 开关来校正。

⑥ 关掉 WOBBLER-IMAGE X 和 Y 开关。

⑦ 用跟踪球或 XY 开关选择所需视域。

⑧ 让显示屏显示 PAGE-3，确证所有物镜极靴名称显示在 PAGE-4 上。

⑨ 用 SELECT 开关选择所需的放大倍数和用 BRIGHTNESS 旋钮调节图像亮度范围。

6. 拍照

① 打开电脑主机和冷却水开关。

② 打开 CCD 操作软件，即双击 iTEM 图标，显示如图 6-5 所示界面。

③ 电镜与 CCD 连接，即键盘输入 ext 1，回车。

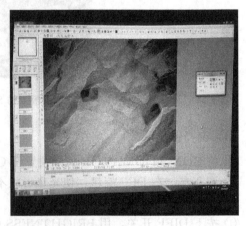

图 6-5　iTEM 图标和 CCD 操作软件的操作界面

④ 寻找样品上合适的位置。

⑤ 点击工具栏中的 █ 图标，抬起荧光屏，即 CCD 摄像机接收信号。

⑥ 点击工具栏中的 █ 摄像，此时电脑显示屏中的窗口显示动态图像。

⑦ 点击工具栏中的 █ 图标，弹出如图 6-6 所示窗口。点击 █ 图标自动调焦。

⑧ 点击工具栏中的 █ 图标进行拍照，照片即出现在如图 6-7 窗口中的如下位置。

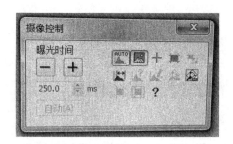

图 6-6　CCD 操作界面上的自动调焦信息

图 6-7　CCD 操作界面上的照片信息

⑨ 点击工具栏中的 █ 图标进行保存。

7. 从电镜镜筒内取出试样架

① 将 FILAMENT 置于 OFF。

② 确证测角台绿灯灭。

③ 打开氮气阀。

④ 拉出试样架，反时针方向转动试样架，再拉出试样架，再反时针方向转动样品架到转不动为止。

⑤ 置测角台 PUMP/AIR 开关为 AIR，等待 30s 后取出试样架。

实验内容及步骤

（1）了解电子显微镜面板上各个钮的位置和作用。

（2）在电子显微镜正常运转下，加高压，逐渐升高灯丝加热电流，使之达到饱和点，在荧光屏上观察到均匀亮度。再逐渐降低灯丝加热电流，同时改变第二聚光镜电流，获得聚焦的灯丝像。

（3）改变第一、二聚光镜、物镜和中间镜的电流，观察其各透镜的作用。

（4）检查电子显微镜中不严格合轴所造成的影响，如移动聚光镜光阑，观察当改变第二聚光镜电流时，光的移动情况。

（5）在无试样时，检查聚光镜是否存在像散，并通过聚光镜消像散进行调整，使像散消失。如果改变第二聚光镜电流时，光斑呈同心收扩，则像散已消除。加入微栅试样用以观察物镜的像散情况。改变物镜电流，使处于过聚焦状态，在微栅试样的微洞内侧出现黑色条纹，即弗涅尔衍射环。当物镜磁场是均匀时，该弗涅尔衍射环是均匀的——环与微洞边缘成等距离分布，且环的粗细也是均匀的。若呈现非均匀性，通过调节物镜消像散器，使之均匀。为使物镜磁场尽可能轴对称，调节物镜电流使之逐渐接近正聚焦状态，此时磁场的微小不均匀性均可反映。

（6）将单晶 MoO_3 晶体（粉末试样）作为进行衍射与成像，以及观察像转角的对象。

（7）改变中间镜电流，观察规则 MoO_3 晶体边缘在荧光屏上方向的改变。

（8）将成像模式改为衍射模式（即减小中间镜电流，使中间镜的物平面由物镜的像平面上移到物镜的后焦平面），得到 MoO_3 的电子衍射花样。

实验七

透射电子显微镜的样品制备

实验目的

了解透射电镜各种试样的制备方法，掌握二级复型技术。

实验原理

透射电镜样品制备的好坏直接影响到能否得出正确结论。如果制不出合格的样品，所有的观察分析就是一句空话，如果样品出现假像而没被发现，那么就可能使分析误入歧途，影响到观察分析的可信度以及结论的正确性。因此透射电镜样品制备是做好材料微观分析工作最重要的一个环节。透射电镜对样品的要求，简单地说，就是小而薄，无假像，无变形。小：$\phi 3mm$ 大小，样品室所要求；薄：$\leqslant 500nm$，电子束穿透能力所要求。要得到这样的样品必须进行精心的制备。

由于电子同时受原子中核电荷及核外电子的散射，因此电子穿透试样的能力很弱，适用于透射电子显微镜观察的样品要求比较薄，一般为 $5\sim200nm$。这种试样可以是由块状样品直接制备成薄膜，即薄膜法；也可以将原始块状样品表面形态用有机物质（如 AC 纸）或碳膜复制而成，即复型法。

一般试样的电子显微像的衬度是由于试样不同部位对电子散射能力的差异使透过试样的电子束强度不同引起的。如果构成试样的单个原子对电子的有效散射截面为 σ_0，它表征原子对电子的散射几率，与原子序数有关。若元素的原子量为 A，试样的样品密度为 ρ，则试样中相邻两部位（分别用角标 1，2 表示）由于厚度及构成试样原子类型不同所引起的衬度（称质厚衬度）可以由下式表示：

$$G = N_A \left(\frac{\sigma_{a2}}{A_2} \rho_2 t_2 - \frac{\sigma_{a1}}{A_1} \rho_1 t_1 \right) \tag{7-1}$$

式中，N_A 为阿佛加得罗常数；t 为试样厚度。对于一般复型试样，由于 σ_a、ρ 以及 A 处处相同，故衬度只由试样各部位的厚度差异所引起。为提高衬度，可以用投影法，增加试样各部位厚度差，同时由于用重金属元素作投影材料，可增加各部位的 σ_a、ρ 及 A 的明显差异，达到改善衬度的目的。对于萃取复型试样，则其衬度由于存在 Δt、ΔA、$\Delta\sigma_a$ 及 $\Delta\rho$ 等，故其衬度明显优于一般的复型。

一、金属薄膜样品的制备方法

把块状试样制备成金属薄膜样品通常要经过三个基本程序：切片→预减薄（机械、化学、电解）→最终减薄（电解抛光或者离子减薄）。具体做法步骤：

（1）切片　用钼丝切割机或金刚石切割机，切出约 0.3mm 厚的薄片。

（2）预减薄　常用的方法是机械法，为了手持方便，用 502 胶把薄片粘在合适的基板上（基板大小要适中、材料不要太硬，主要是为了好拿好磨），分别在不同号砂纸上研磨（砂纸的选择应根据对试样的损伤程度而定）。并且对薄片的两面要磨掉约相等的厚度，当薄片减薄到 0.1mm 时，再用更细的砂纸进一步减薄或者用化学减薄液减薄至 0.05mm。从基板上取下薄片通常需要在丙酮溶液中浸泡若干小时，使其自然脱落，不要用刀片起，以免变形。一般认为，预减薄所得样品越薄、厚度越均匀、越无变形越好。磨时切记不可用力太大，以免造成机械损伤。也可配制合适的化学减薄液，浸入进行预减薄。

把预减薄好的薄片，用专门工具（ϕ3mm 口径的冲子）冲出 3～5 个 ϕ3mm 的小片。

（3）最终减薄　双喷电解抛光技术：对于导电试样优先选用双喷电解抛光法。双喷电解抛光仪操作简便，制样速度快（一般 30min 左右就制好一个样）。若能选择合适的电解液、适当的温度和抛光电压，就能得到质量很好的试样。试样台夹持试样做阳极，双喷嘴喷出电解液做阴极，直到把试样中心减薄出一个微孔，光导管见光控制仪器停止，并报警。此时迅速取出试样放入清洗液清洗 3～5 次，清洗液一般用无水乙醇或蒸馏水等。

离子减薄技术：一般来说，离子减薄适用于任何试样，但是如果使用不当会带来一些问题。例如，低温时效合金用高能离子束长时间轰击，会生出析出相，再有对于较软的材料，如纯铜或者纯铝，用高能离子束轰击会出现变形等。所以，离子减薄技术通常适用于硬、脆和不导电材料，如铸铁、陶瓷、激光熔敷层等以及找不到合适电解液，得不到理想试样的可采用离子减薄法。离子减薄机理：在真空中，两个相对的电子枪，提供高能量的氩离子流，以一定角度对旋转的样品两面进行轰击，当轰击能量大于试样表层原子结合能时，表层原子发生溅射。经过较长时间连续轰击溅射，最终样品中心部分减薄穿孔。穿孔后的样品在孔边缘区很薄，对电子束是透明的，可以观察拍照。离子减薄仪的效率很低，即使预减薄到 0.03mm，对有些硬、脆材料减薄仍要花费十几小时。但有时已出孔的试样在取、夹时发生粉碎，致使前功尽弃。如果配上凹坑机将薄片中心部分磨出凹坑，不但可以节省时间，而且减薄效果更好。同时预减薄时试样也不必磨得那么薄，可以稍厚些，以增加强度。如果没有凹坑机，要将薄片预减薄到 0.03mm 左右，此时，最好用 ϕ3mm 的金属环补强。

（一）离子减薄仪（德国，Leica EM RES101）**的操作方法**

离子减薄仪如图 7-1 所示。

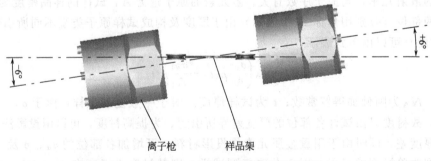

离子枪　　　样品架

图 7-1　TenuPol-5 离子减薄仪原理示意图

（1）首先选择样品架 holder 为 TEM standard，如图 7-2 所示。

（2）选择马达旋转模式为 double-sided rotation，如图 7-3 所示。

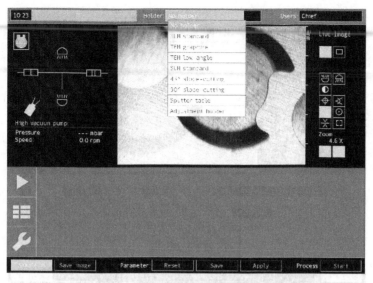

图 7-2　操作界面上的 holder 信息

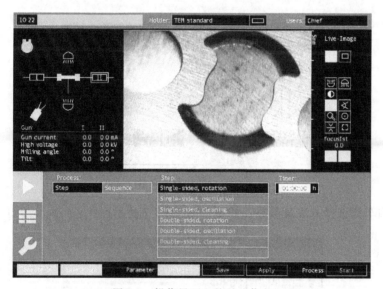

图 7-3　操作界面上的马达信息

（3）设置相关参数。电流电压的选择范围一般如表 7-1 所示，一般电压为 5kV 或 6kV，电流为 2.0mA 或 2.2mA。角度选择范围为 6°～15°。

表 7-1　电流电压的选择范围

电压/kV	1	2	3	4	5	6	7	8
电流/mA	1.0	1.2	1.5	1.8	2.0	2.2	2.4	2.6

（4）点击 START 开始，如图 7-4 所示。

（二）双喷减薄仪（冶金部钢铁研究总院，GL-6900）**的操作方法**

（1）按上下键选定 MANUAL FUNCT，如图 7-5 所示。

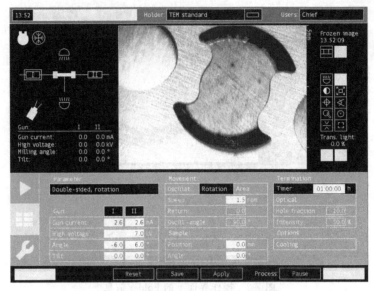

图 7-4 操作界面上的电流电压信息

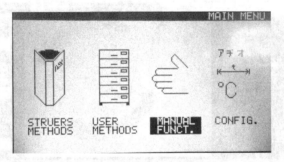

图 7-5 操作界面首页

（2）按回车键选择方法及参数，如图 7-6、图 7-7 所示。

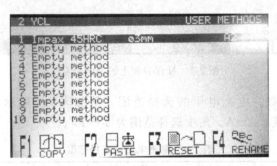

图 7-6 操作界面上选择方法

（3）按 F1 进行 scan，电解抛光时电压与电流之间关系曲线，图中有两段电流随着电压升高而升高，这两段为试样腐蚀区域，在这两段之间有一段电压升高而电流值不变区域，此区为试样抛光平台区，电解抛光时电压一定要选在此范围内。即使 OA 线落在 A1-A2 之间即可。

（4）按 F4 start 进行电解。

（5）按 esc 退到主界面，按上下键选 manual funct 清洗电解槽，如图 7-8 所示。

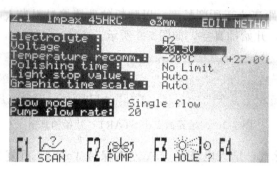

图 7-7　操作界面上的参数信息

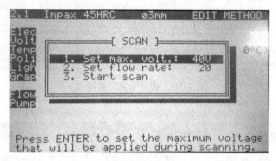

图 7-8　清洗界面

二、纳米粉末样品的制备方法

制备纳米粉末样品必须要有支持膜，支持膜通常分为两大类，即无微孔的支持膜和有微孔的支持膜（又叫微栅支持膜）。无论哪种支持膜都需要用到载网。载网是由 Cu，Cr，Mo 等材料蚀刻而成。直径为 $\phi 3mm$，网上有 100～400 个孔。通常叫 100 目载网，200 目载网，载网上面附着支持膜。载网或者支持膜都属于电镜耗材，一般可在电镜耗材专用店购买。有了支持膜就可以制作粉末样品了。制作时，分散粉末要特别注意，如果分散不好，在电镜下将观察不到单个的粉末颗粒。为了确保充分分散，一般用一个小容器（小烧杯等）盛上无水乙醇或蒸馏水，再放入少量粉末，将小容器置于超声波振荡器中振动 30min 左右，使之成为悬浮液，然后关闭超声波，让悬浮液稍微静置后，用尖嘴镊子夹住带支持膜的铜网边缘在溶液中蘸一下，放在滤纸上干燥即可。也可用毛细管吸一点液体滴在支持膜上。总结一下纳米粉末样品的制备流程：蒸馏水（无水乙醇）＋少量粉末→超声波分散→取出静置片刻→滴到支持膜上（用毛细管）→干燥。

三、复型样品的制备方法

20 世纪五六十年代，人们对透射电镜的薄膜试样还没有很好的减薄办法，于是，就想出通过一种媒介物（这种媒介物不但对电子束透明，而且不显示自身结构）把试样表面的浮雕复制下来，通过对浮雕的观察，间接地得到试样表面的形貌信息。由于是对试样表面形貌的复制，所以就叫复型样品。复型样品包括一次复型、二次复型和萃取复型。一次复型和二次复型仅复制试样的表面形貌；而萃取复型则是用类似复型的方法把试样中的第二相粒子萃取下来，这样，不但可以直接观察第二相粒子的形状，大小和分布，而且还可以对第二相进行晶体结构分析。

四、高真空蒸镀仪（英国 Emitech，EMITECH K950X）**的操作方法**

（1）装碳棒时拉开距离小于所削长度，以防粗的碳棒接触引发大电流。消耗仪器寿命。

（2）点击 START，开始抽真空，如图 7-9 所示。

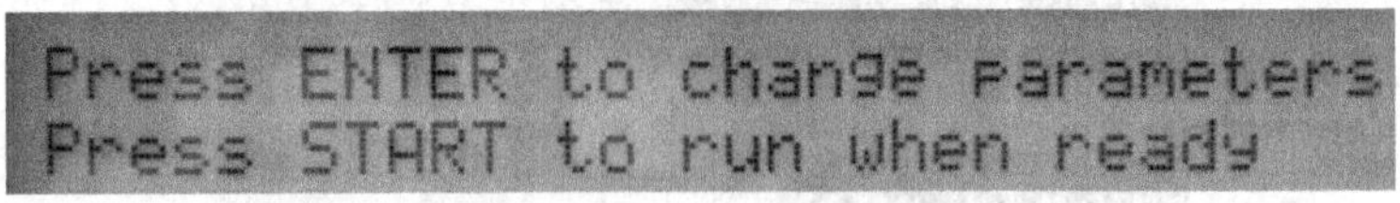

```
Press ENTER to change parameters
Press START to run when ready
```

图 7-9 初始界面点击 START，开始抽真空

（3）按"UP"键除气，增大电流至 45A 左右保持 1～2s，重复 2 次，如图 7-10 所示。除气中剩余时间和真空度的信息见图 7-11。

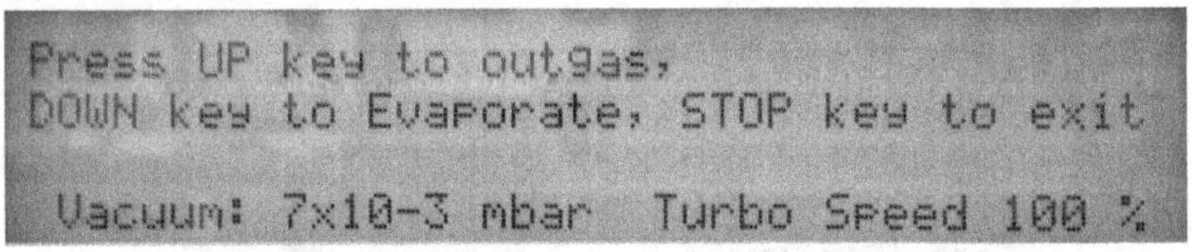

```
Press UP key to outgas,
DOWN key to Evaporate, STOP key to exit

Vacuum: 7x10-3 mbar  Turbo Speed 100 %
```

图 7-10 按"UP"键除气

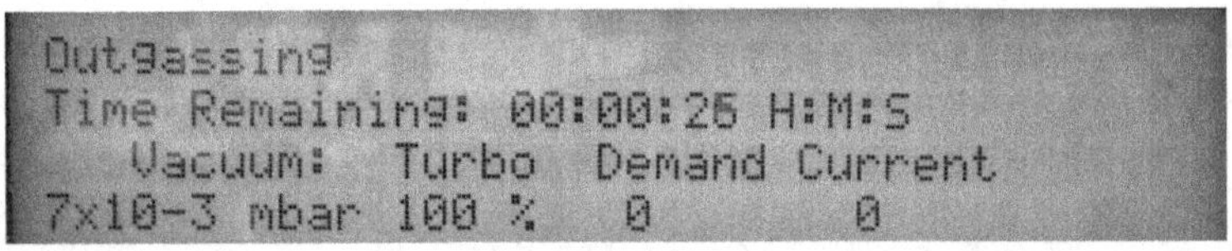

```
Outgassing
Time Remaining: 00:00:26 H:M:S
       Vacuum:  Turbo  Demand Current
7x10-3 mbar 100 %   0        0
```

图 7-11 除气中剩余时间和真空度的信息

（4）除气完成后，按"DOWN"键开始蒸镀。

实验八

衍射衬度成像原理

实验目的

1. 了解电镜图像的成像理论。
2. 可以解释电镜图像所提供的结构信息。

一、电子显微镜图像的衬度

电子显微镜图像主要有 3 种衬度：质厚衬度、衍射衬度和相位衬度。

（一）质厚衬度

质厚衬度是由于试样各处组成物质的原子种类不同和厚度不同造成的衬度。复型试样的非晶态物质膜和合金中第二相的一部分衬度。即属于这一类衬度。

在元素周期表上处于不同位置（原子序数不同）的元素，对电子的散射能力不同。重元素比轻元素散射能力强，成像时被散射出光栏以外的电子也愈多；试样愈厚，对电子的吸收愈多，相应部位参加成像的电子就愈少。图 8-1 为质厚衬度成像光路图。

通常用散射几率（dN/N）的概念来描述电子束通过一定直径的物镜光阑被散射到光阑外的强弱。显然散射几率越大，图像上接受到的强度越弱，相应处的衬度便较暗。反之，图像有较亮的衬度。散射几率可表示为：

$$\frac{\mathrm{d}N}{N} = -\frac{\rho N_\mathrm{A}}{A}\left(\frac{Z^2 e^2 \pi}{V^2 \alpha^2}\right) \times \left(1 + \frac{1}{Z}\right)\mathrm{d}t$$

式中，α 为散射角；ρ 为物质密度；e 为电子电荷；A 为原子量；N_A 为阿伏伽德罗常数；Z 为元素原子序数；V 为电子枪加速电压；t 为试样厚度。

由上式可知，试样愈薄，原子序数愈小，加速电压愈高，被散射到物镜光阑以外的几率愈小，通过光阑参加成像的电子束强度愈大，该处就获得较亮的衬度。

为了综合考虑物种种类和厚度的影响，引入"质量厚度"的概念。它定义为：试样下表面单位面积以上柱体中的质量，单位为 g/cm²。这就是说，试样下表面处两个底面积相同且高度亦相同的柱体，若其中之一含有重原子（Z 大）物质，则它较另一不含重原子物质的柱体，使电子散射到光阑以外的要多，前者对应的下表面处的图像有较暗的衬度，后者有较亮的衬度。准确地说，质量厚度数值较大的下表面处，对应着较暗的衬度，质量厚度数值小的下表面处，对应着较亮的衬度。如图 8-2 所示。

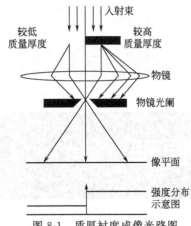

图 8-1　质厚衬度成像光路图

图 8-2　复型样品中二相粒子质厚衬度图像

（二）衍射衬度

晶体试样在进行电镜观察时，由于各处晶体取向不同和（或）晶体结构不同，满足布拉格条件的程度不同，使得对应试样下表面处有不同的衍射效果，从而在下表面形成一个随位置而异的衍射振幅分布，这样形成的衬度，称为衍射衬度。这种衬度对晶体结构和取向十分敏感，当试样中某处含有晶体缺陷时，意味着该处相对于周围完整晶体发生了微小的取向变化，导致了缺陷处和周围完整晶体具有不同的衍射条件，将缺陷显示出来。可见，这种衬度对缺陷也是敏感的。基于这一点，衍衬技术被广泛应用于研究晶体缺陷。

衍衬成像，操作上是利用单一透镜束通过物镜光阑成明场像，或利用单一衍射束通过物镜光阑成暗场像。近似考虑，忽略双束成像条件下电子在试样中的吸收，明暗场像衬度是互补的。明场像和暗场像均为振幅衬度，即它们反映的是试样下表面处透射束或衍射束的振幅分布，而振幅的平方可以作为强大的量度，由此便获得了一副通过振幅变化而形成衬度变化的图像。衍衬成像原理如图 8-3 所示。

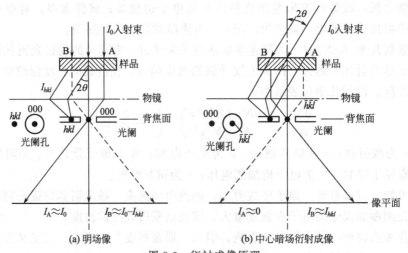

图 8-3　衍衬成像原理

衍衬像大体可分为两类：当完整晶体存在一定程度不均匀性，例如厚度或取向的微小变化，这时衍衬像上呈现一组明暗相间的条带，称为等厚或等倾消光轮廓；若无厚度或取向变化，则为均匀的衬度。另一类是含缺陷晶体的衍衬像，其像衬随缺陷的类型和性质不同而异。铝合金晶粒形貌衍衬像如图 8-4 所示。

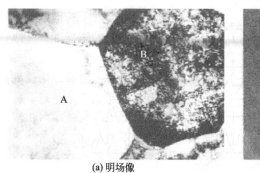 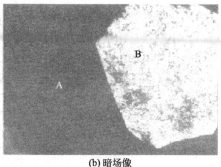

(a) 明场像　　　　　　　　　　　　　　　　　　(b) 暗场像

图 8-4　铝合金晶粒形貌衍衬像

（三）相位衬度

当透射束和至少一束衍射束同时通过物镜光栏参与成像时，由于透射束和衍射束的相互干涉，形成一种反映晶体点阵周期性的条纹像和结构像。这种像衬的形成是透射束和衍射束相位相干的结果，故称相位衬度。

综上所述，三种衬度的不同形成机制，反映了电子束与试样物质原子交互作用后离开下表面的电子波，通过物镜以后，经人为地选择不同操作方式所经历的不同成像过程。在研究工作中，它们相辅相成，互为补充，在不同层次上，为人们提供不同尺寸的结构消息，而不是相互排斥。

晶体点阵周期性的条纹像如图 8-5 所示。

图 8-5　晶体点阵周期性的条纹像

二、透射电镜的基本成像操作

晶体样品成像操作有明场、暗场和中心暗场三种方式，如图 8-6 所示。

明场成像：只让中心透射束穿过物镜光阑形成的衍衬像称为明场镜。

暗场成像：只让某一衍射束通过物镜光阑形成的衍衬像称为暗场像。

中心暗场像：入射电子束相对衍射晶面倾斜角，此时衍射斑将移到透镜的中心位置，该衍射束通过物镜光阑形成的衍衬像称为中心暗场成像。

入射电子束穿过试样后，分裂成未散射电子束和散射（衍射）电子束，前者形成明场像，后者形成暗场像。虽然暗场像不提供足够的像亮度，但它有一优点即图像衬度比明场像更大。

（1）执行镜筒合轴。

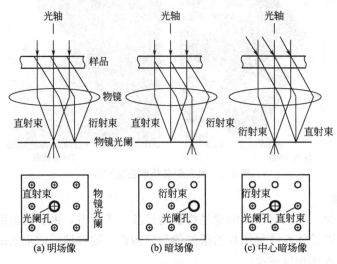

图 8-6　成像操作光路图

（2）按 SAM/ROCK 开关和用 SELECTORJ 开关选择所需放大倍数。

（3）选择所需视域并聚焦像。

（4）将物镜光阑移出电子束通道和置一场限光阑在所需视域上。

（5）按 DIFF 开关，用 BRIGHTNESS 旋钮使照明斑散开。在荧光屏上出现衍射花样。

（6）用 SELECTOR 开关置相机长度值在 40～120nm 之间。所选相机长度在显示屏上显示与 PAGE-1 处。

（7）调节 DIFF FOCUS 旋钮使衍射花样尽可能清晰。

（8）合上 DEFLECTOR-PROJ 开关和调节 SHIFT 旋钮，使透射斑在荧光屏中正确对中。

（9）按 DEFLECTOR-DARK TILT 开关盒置 DEF-X、Y 旋钮于中间位置。

（10）调节 DEF-X、Y 旋钮，使所需斑点正确对中在荧光屏中心。

（11）插入物镜光阑到电子束通道，把光阑正确的对准感兴趣的衍射斑。用 DIFF FOCUS 旋钮聚焦光阑像。

（12）按 SAM/ROCK 开关，在荧光屏上现在呈现出一暗场像。简单地按 DEFLECTOR-BRIGHTNESS TILT 开关，就能得到一明场像。

实验九

选区电子衍射及电子衍射谱衍射常数的测定

实验目的

1. 掌握进行选区衍射的正确方法。
2. 测定拍摄电子衍射谱时的衍射常数。

实验原理

一、选区电子衍射

选区电子衍射是用光阑限制电子束，使只在物体感兴趣部位产生电子衍射，从而进行微区结构分析。一般电子显微镜可以进行分析的最小区域为 $0.5\mu m$。在进行微小物相的结构分析时，考虑到制作的方便以及防止光阑的玷污，用于限制分析区域的选区光阑（又称视场光阑）并不处于物平面，而是位于物镜的像平面附近，通过选择一次放大像的范围来限制试样成像或产生电子衍射的范围。根据阿贝成像原理，要求选区光阑与物镜的像平面、中间镜的物平面三者共面，这样才能确保所得到的衍射花样正确来自选区光阑所选定的范围。为此进行选区衍射必须遵守一定的操作规则。此外，影响选区准确性的其他因素还有球差（与物镜球差系数 C 有关）及物镜的失焦（用 Δf 代表失焦量）。由上述因素引起的衍射花样与选区的不对应性（即物的位移）用 y 表示，y 由下式决定：

$$y = C\alpha^3 + \Delta f \tag{9-1}$$

式中，α 为照明孔径角。

二、电子衍射谱衍射常数的测定

某一晶体的电子衍射花样与该物质的晶体学参数间的关系由下式表示：

$$rd = L\lambda \tag{9-2}$$

式中　　r——衍射谱上，透射斑到某衍射斑的距离；

　　d——该衍射斑对应晶面的面间距；

　　L——有效相机长度，由物镜焦距、中间镜、投影镜等放大倍数所决定；

　　λ——电子波波长，$L\lambda$ 称衍射常数。

由衍射花样推测未知晶体结构，或由衍射花样确定已知晶体结构的位向时，需要在已知 $L\lambda$ 值的前提下，根据衍射谱上一系列 r_i 值，找出相应的 d_i 值，为此必须对该谱的 $L\lambda$ 进行确定。

图 9-1　MoO_3 单晶衍射谱与形貌像

$L\lambda$ 值可以由在相同条件下拍摄的已知晶体的多晶粉末的衍射谱进行测定(图 9-1)。

实验步骤

一、选区电子衍射

(1) 在选区成像模式（SA MAG）下，于×10K 倍数下选择一个厚度合适的待分析晶体相（如析出相、小晶粒等，作为练习可选用 MoO_3 晶体）。

（2）加入选区光阑，并调节光阑上的 x、y 位移钮，使之处于荧光屏心（即对中）。利用在此模式下的中间镜电流微调钮，使光阑边缘清晰（即光阑聚焦）。

（3）调节物镜电流，使像聚焦。至此，选区光阑与中间镜物平面及物镜像平面已处于同一平面。

（4）按下选区衍射开关，调节在此模式下的中间镜电流微调钮，得到清晰的衍射花样，即衍射斑点细而亮（此时中间镜物平面已处于物镜的后焦平面上）。

（5）减弱第二聚光镜电流，使入射电子束尽可能平行，再次调节中间镜微调钮，使衍射花样更细而且锐。

（6）拍摄电子衍射花样。选择合适的曝光时间，此时不应该以曝光表为准，通常选用自动测光表所显示的时间的 $1/2 \sim 1/3$ 即可。

（7）若衍射斑点太密集，可调节在此模式下的中间镜电流粗调节钮（改变有效相机常数）。

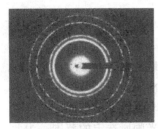

图 9-2　多晶体金试样
的衍射花

二、电子衍射谱衍射常数的测定

（1）在 100kV 电压下，按正确的选区衍射过程，在某一中间镜电流下（显示为某一相机长度 L），拍摄粉末 Au 试样的多晶体衍射环(图 9-2)。

（2）正确标定各环的晶面指数 $(h_i k_i l_i)$。

（3）由 Au 的点阵常数 a，计算各晶面面间距 d_i（Au 为 f·c·c 结构，a =0.4078nm）。

（4）测定各环的半径 r_i。

（5）计算 $r_i d_i$，并求平均值 rd，即为该相机长度时的 $L\lambda$ 值。

（6）改变 L 值，重复上述步骤，确定不同 L 时的精确 $L\lambda$ 值。

对于有明显像散的电子衍射花样，也就是多晶衍射谱具有椭圆度，此时其 $L\lambda$ 值会随方向而变，因此拍摄金的电子衍射环时，一定要尽量消除中间镜像散。若不能消除像散(有的电子显微镜不备有中间镜像散器，如 JEOL 100CX 等)，则应作出 $L\lambda$ 随 Φ 角变化的规律曲线，其中 Φ 角为所研究方向与底片上 x 轴的夹角。

要求：

分析影响相机常数 $L\lambda$ 的各种因素，讨论如何提高其测量精度。

三、利用 CCD 图像处理软件标定衍射图谱

(1) 首先打开待标定的衍射图谱，如图 9-3 所示。

(2) 点击工具栏中 ，出现如图 9-4 所示对话框，输入 d- 间距和相机长度，然后校准。

(3) 点击工具栏中 ，确定衍射中心，如图 9-5 所示。

(4) 点击工具栏中 ，定义晶体的结构和类型，如图 9-6 所示。

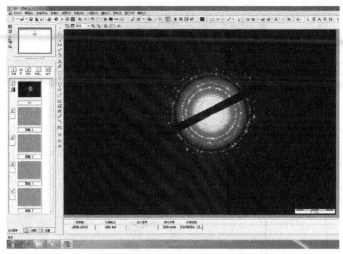

图 9-3　多晶衍射环

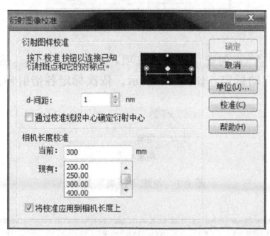

图 9-4　打开衍射图谱

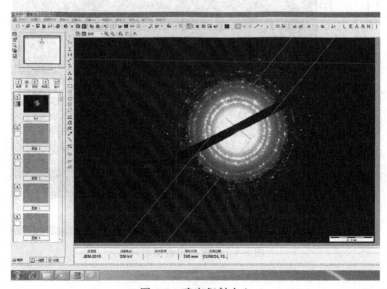

图 9-5　确定衍射中心

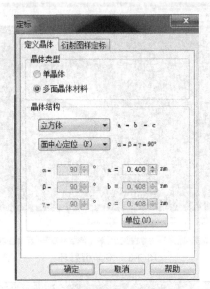

图 9-6　定义晶体的结构和类型

（5）点击工具栏中 ，勾选"距离"选项，如图 9-7 所示。然后用鼠标选定衍射环，透射斑和衍射环的距离自动标定，如图 9-8 所示。依次标定各衍射环。

图 9-7　勾选"距离"选项

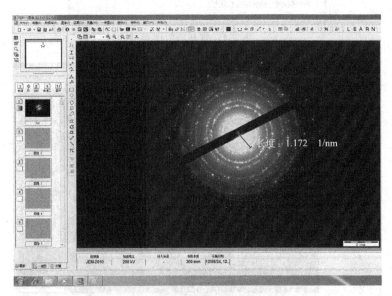

图 9-8　依次标定各衍射环

实验十

扫描电子显微镜的构造、原理及应用

与其他类型显微镜相比,扫描电子显微镜有其独到的优势:

① 分辨率高。钨灯丝电子枪电镜的分辨率可达 3～5nm,场发射电子枪电镜的分辨率可达 1nm。

② 景深大。一般情况下,SEM 景深比 TEM 大 10 倍,比光学显微镜(OM)大 100 倍。

③ 保真度好。试样通常不需要作任何处理即可以直接进行形貌观察,所以不会由于制样原因而产生假像。

④ 试样制备简单。试样可以是自然面、断口、块状、粉体、反光及透光光片,对不导电的试样只需蒸镀一层 10nm 左右的导电膜。

实验目的

1. 了解仪器的构造和基本原理。
2. 了解扫描电子显微镜的功能。
3. 了解扫描电子显微镜应用和意义。

实验原理

一、扫描电镜的基本结构和原理

当具有一定能量的电子束轰击样品表面时,高能电子与元素的原子核及外层电子发生单次或多次弹性与非弹性碰撞,在此过程中有 99％以上入射电子能量转变成样品热能,另有约 1％的入射电子能量从样品中激发出各种信号。如图 10-1 所示,这些信号主要包括二次电子、背散射电子、吸收电子、透射电子、俄歇电子、电子电动势、阴极发光、特征 X 射线等,不同的信号可反映样品不同的信息,扫描电子显微镜即是利用其中的二次电子和背散射电子信号显示出样品的表面形貌、原子序数序衬度等信息。

扫描电镜(SEM)的基本工作原理可由图 10-2 示意地说明。由电子枪发射出的电子束经过聚光镜系统和末级透镜的会聚作用形成一个直径很小的电子探针束投射到试样表面上,同时,镜筒内的偏转线圈使这个电子束在试样表面作光栅式扫描。在扫描过程中,入射电子束依次在试样的每个作用点激发出各种信息,例如二次电

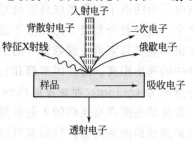

图 10-1　入射电子束轰击样品
产生的信息示意图

入射电子

背散射电子　　　二次电子

特征X射线　　　俄歇电子

样品　　　　　　吸收电子

透射电子

子、背散射电子等。安装在试样附近的各类探测器分别把检测到的有关讯号经过放大处理后输送到监视器调制其亮度，从而在与入射电子束作同步扫描的监视器上显示出试样表面的图像。根据成像讯号不同，可以在 SEM 的监视上分别得到试样表面的二次电子像、背散射电子像等。

各种扫描电子显微镜结构不尽相同，但总体来说都由扫描电镜由电子光学系统、偏转系统、信号检测放大系统、图像显示和记录系统、电源系统和真空系统等部分组成，图 10-2 和图 10-3 分别为日本日立 S-4800 冷场扫描电子显微镜及结构示意图。

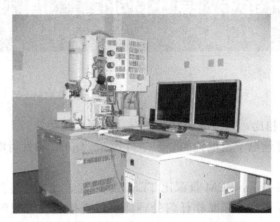

图 10-2　日立 S-4800 冷场扫描电子显微镜

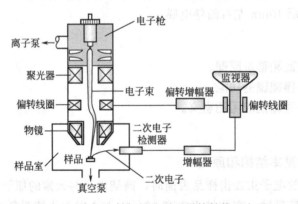

图 10-3　冷场发射扫描电子显微镜结构示意图

电子光学系统包括电子枪、聚光器、物镜、消像散器和样品室等部件，其作用就是将来自电子枪的电子束聚焦成亮度高直径细的入射束照射样品，产生各种物理信号。电子枪用来产生一束能量分布极窄的、电子能量确定的电子束。扫描电镜像的分辨率主要取决于入射电子束的直径与束流、成像讯号的信噪比、入射电子束在试样中的扩散体积和被检测讯号在试样中的逸出距离。这些因素都和扫描电镜的电子枪类型及加速电压有关。钨灯丝扫描电镜的分辨率为 4～5nm，而场发枪的扫描电镜可优于 3nm。聚光器和物镜可使电子枪发出的电束聚焦成亮度高直径细的入射束照射样品。消像散可消除由于磁线圈加工误差、镜筒污染等因素造成的磁场畸变。样品室可以放置不同用途的样品台，如拉伸台、加热台和冷却台等，样品台可通过样品移动机构可以使试样沿 x、y、z 轴三个方向位移，同时还可以使试样绕轴倾斜及旋转。

偏转系统包括扫描发生器、偏转线圈和偏转增幅器等部件，其作用是将开关电路对积分电容反复充电放电产生的锯齿波同步地送入镜筒中的偏转线圈和监视器的偏转线圈，使两者的电子束作同步扫描，通过改变电子束偏转角度来调节放大倍率。扫描电镜的放大倍率等于显示屏的宽度与电子束在试样上扫描的宽度之比。入射电子束束斑直径是扫描电镜分辨本领的极限。

图像显示和记录系统包括二次电子检测器、增幅器、监视器等部件，其作用是检测试样在入射电子束作用下产生的二次电子信号，调制监视器亮度，显示出反映试样表面特征的电子图像。

二、二次电子像和背散射电子像

扫描电子显微镜成像主要是二次电子像、背散射电子像以及两种信号的混合像。由于样品表面的形貌、原子序数、化学成分、晶体结构或位向等差异，在入射电子束作用下将产生不同强度的物理信号，使阴极射线管荧光屏上不同的区域呈现出不同的亮度，从而获得具有一定衬度的图像。二次电子和背散射电子特点不同，因此，二者成像所表示的意义也不同。

1. 二次电子像——形貌衬度

二次电子是被入射电子轰击出的原子的核外电子，能量小于 50eV，在固体样品中的平均自由程只有 10~100nm，在这样浅的表层里，入射电子与样品原子只发出有限次数的散射，因此基本上未向侧向扩散；出射行程越大，越易被样品吸收。因此二次电子的产额强烈依赖于二次电子出射的行程。如图 10-4 所示，入射束与试样表面法线间的夹角 α 越大，二次电子额越大。

根据上述特点，二次电子像主要是反映样品表面 10nm 左右的形貌特征，像的衬度是形貌衬度，衬度的形成主要取于样品表面相对于入射电子束的倾角。表面形状与二次电子发射量关系见图 10-4。

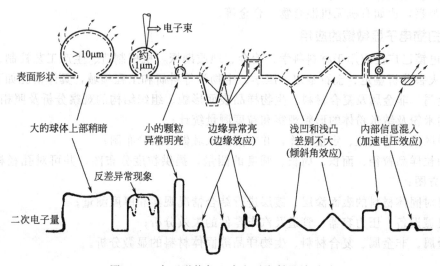

图 10-4　表面形状与二次电子发射量关系图

由图 10-4 可知，表面光滑平整的样品，不形成衬度；而对于表面有一定形貌的样品，其形貌可看成由许多不同倾斜程度的面构成的凸尖、台阶、凹坑等细节组成，这些细节的不同部位发射的二次电子数不同，从而产生衬度。二次电子像分辨率高、无明显阴影效应、景深大、立体感强，是扫描电镜的主要成像方式，特别适用于粗糙样品表面的形貌观察，在材

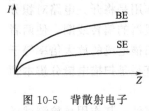

图 10-5 背散射电子和二次电子发射系数与原子序数 Z 关系图

料及生命科学等领域有着广泛的应用。

2. 背散射电子（BSE）像——原子序数衬度

背散射电子是由样品反射出来的初次电子，其主要特点是：背散射电子能量高，从 50eV 到接近入射电子的能量，穿透能力比二次电子强得多，可从样品中较深的区域逸出（微米级），在这样的深度范围，入射电子已有相当宽的侧向扩展，因此在样品中产生的范围大；背散射电子和二次电子发射系数均随原子序数 Z 的增大而增加，如图 10-5 所示。

图 10-6 为同一样品同一区域的二次电子像和背散射电子像。

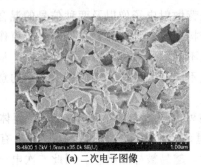
(a) 二次电子图像

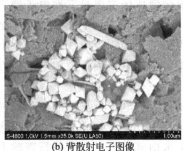
(b) 背散射电子图像

图 10-6 二次电子像与背散射电子像比较

由以上特点可以看出，样品平均原子序数 Z 大的部位产生较强的背散射电子信号，在荧光屏上形成较亮的区域；而平均原子序数较低的部位则产生较少的背散射电子，在荧光屏上形成较暗的区域，形成原子序数衬度（成分衬度），因此，背散射电子主要反映样品表面的成分特征。与二次电子像相比，背散射像的分辨率要低，主要应用于样品表面不同成分分布情况的观察，比如有机无机混合物、合金等。

三、扫描电子显微镜的应用

扫描电镜已广泛应用于材料科学、冶金、地质勘探，机械制造、生产工艺控制、产品质量控制、灾害分析鉴定、宝石鉴定、医学、生物学等科研和工程领域，具体情况如下：

① 金属、非金属及复合材料、生物样品表面形貌、组织结构的观察分析及照相；

② 纳米粉及纳米粉体的形貌观察和粒度测量统计；

③ 微区成分的定性、定量计算，并对重点区域做元素分布图；

④ 颗粒样品粒径、面积、周长、圆度的测量，提供粒度分布图，并可对孔径样品做孔径分布直方图；

⑤ 可对固体材料的表面涂层、镀层进行结合情况观察和厚度测量；

⑥ 机械设备、压力容器、管道及汽车零件的失效分析；

⑦ 金属、非金属、复合材料、生物样品等固体材料的显微分析。

实验十一

扫描电镜样品制备

实验目的

1. 理解扫描电镜样品制备的意义。
2. 掌握各种样品制备的方法。

实验原理

一、扫描电镜样品要求

常规扫描电子显微镜对样品有较高的要求，除了尺寸大小外，还要求样品能在真空中保持稳定、不含水或挥发性物质且导电导热性能良好。对于低真空扫描电子显微镜和环境扫描电子显微镜，样品要求相对较低，一般只需考虑样品尺寸即可。下面以日本日立 S-4800 场发射扫描电子显微镜为例，详述样品的基本要求。

① 样品直径不超过 20mm，高度不超过 12mm，侧面与底面垂直或呈锐角；块状不导电样品的尺寸，在满足观察要求的前提下，原则上是尺寸越小越好；粉末样品尺寸不作要求。

② 本电镜样品室须保持高真空，要求样品必须是块状或粉末，在真空中能保持稳定，不含水分或挥发性物质。

③ 样品不可带有磁性，以免观察时电子束受到磁场的影响。

④ 表面即所观察面不可受到污染，否则不易观察样品表面真实形貌。

⑤ 样品必须有良好的导电性，以避免电荷积累，影响图像质量，并可防止试样的热损伤。

二、扫描电镜样品制备

扫描电镜样品的前处理方法：

① 样品尺寸加工：用切割工具或偏口钳等工具将其加工成合适尺寸。

② 含水或挥发物样品可采用烘干机烘干，或采用易挥发的有机溶剂清洗试样，将水分和挥发物脱除，并将样品烘干。

③ 对于磁性样品须经去磁处理。

④ 表面污染的样品要进行清洗去除污物，清洗方法视具体情况而定。常用的方法有超声波震荡、离子束清洗等。

⑤ 对不导电样品，可采用离子溅射仪或真空镀膜仪对样品表面进行导电处理。

几种典型样品的制备方法和操作步骤如下：

（1）粉末样品的制备　粉末样品的制备包括样品收集、固定和定位等环节。其中粉末的固定是关键，通常用表面吸附法、火棉胶法、银浆法、胶纸（带）法和过滤法。最常用的是胶纸法，把导电胶粘牢在样品台上，将少量粉末均匀地撒在导电胶上，用洗耳球或高压气吹去表面未粘牢的粉末，如果样品不导电，经过导电处理后，即可上电镜观察。

S-4800 型扫描电子显微镜极靴是外露在样品室的，极易受到粉末样品污染，因此，粉末样品制备要注意以下几点：① 磁性（包括易磁化）粉末不可观察，防止样品被吸到极靴上；② 气体吹扫的目的是为了吹去与导电胶黏结不牢的样品，可防止粉末间气体在负压下急剧的爆炸膨胀，有效避免产生的粉尘污染极靴；另外，气体吹扫使试样厚度减薄，剩下的样品与导电胶黏结牢，蒸镀的导电膜层更有效地将样品表面之间和导电层连接起来，避免样品观察时产生放电和图像漂移现象。

（2）非金属块状样品　将导电胶粘牢在样品台上，再把块状样品粘牢在导电胶上，再镀上一层导电膜，即可上电镜观察。

蒸镀导电膜的目的是通过在样品表面形成连续的导电膜并与导电胶连接，即有效的实现导电导热的目的。蒸镀的导电颗粒到达样品的上表面比到达侧面要容易，如果样品过高，侧面的导电膜会不连续；另外，试样表面向下的部分很难接收到导电颗粒，不易形成导电膜，但如果样品很低，这部分不能形成导电膜的部分可镶嵌到导电胶里；因此，样品过高使样品表面导电性变差，在观察过程中产生放电和图像漂移的现象。综上所述，块状样品（尤其是气孔较多的样品和底面过小的样品）尺寸对样品导电处理影响巨大，在满足观察的情况下，样品尽量小而薄。样品的粘接面尽量平整，有利于样品黏结牢固。

（3）导电块状样品　用线切割机或其他工具将样品加工成所需尺寸，清洗，烘干即可。

由于导电样品不需要进行导电处理，所以对样品的形状无太多要求，只需制成合适大小，并将黏结面抛光即可。如需特殊样品台，样品的尺寸和形状有更具体的要求。

（4）截面样品　将样品加工成合适的大小和形状，用镶嵌机将样品镶嵌，抛光即可。

对不导电样品仍需进行导电处理。对导电样品可用导电胶将样品一角与试样品连接或进行导电处理，用导电胶连接样品和试样台的方法简单、快速、成本低，但若需观察样品边缘，镶嵌料对图像质量会有较大影响；导电处理法复杂、速度慢、成本高，但观察样品边缘成像质量好。

（5）生物样品　生物样品制备方法主要有化学方法和冷冻方法。化学方法制备样品通常分为四步：清洗，化学固定，干燥，导电处理。冷冻方法制备样品通常分为四步：冷冻固定，冷冻干燥，冷冻割断，导电处理。

生物样品含水量大，其制样最大的困难是在脱水后还能保持样品原有的形貌。因此生物品制样比较复杂，且成本高。环境扫描电子显微镜可在低真空下成像，可直接观察含水样品和不导电样品，还可实现样品的动态观察，分辨率可达 3.5nm，是生物样品观察的另一个重要途径。

以上介绍仅仅是为满足扫描电镜观察的需要进行制样的基本方法，样品观察目的不同，还需要进行进一步处理。例如，有些试样的表面、断口需要进行适当的腐蚀，才能暴露某些结构细节，则在腐蚀后应将表面或断口清洗干净，然后烘干；有些样品要观察背散电子像，则必须要经过抛光、清洗、烘干；有些不导电样品仅仅要进行成分分析，则不进行导电处理亦可。总之，扫描电镜的制样方法多种多样，具体的制样方法要看样品的类型和观察的目的。

附录：E1010 型离子溅射仪的操作方法

对于导电性差或绝缘的非金属材料，由于在电子束作用下会产生电荷堆积，阻挡入射电子束进入样品及样品内电子射出样品表面，使图像质量下降。样品导电处理就是利用离子仪或高真空镀膜仪在样品表面镀一层导电膜，并使导电膜与导电胶连接，使入射到样品的电子即时导走。被喷镀的元素有碳、铬、金、铂等，可根据要求和资源进行选择。日本日立 E1010 型离子溅射仪喷镀的是金，金膜不但能导走入射电子，还可增强样品表面二次电子信号，有利于扫描观察、图片采集，但在高倍观察时会形成假像，做 X 射线能谱分析会出现金峰。

工作原理：在低气压系统中，气体分子在相隔一定距离的阳极和阴极之间的强电场作用下电离成正离子和电子，正离子飞向阴极，电子飞向阳极，二电极间形成辉光放电，在辉光放电过程中，具有一定动量的正离子撞击阴极，使阴极表面的原子被逐出，称为溅射，如果阴极表面为用来镀膜的材料（靶材），需要镀膜的样品放在作为阳极的样品台上，则被正离子轰击而溅射出来的靶材原子沉积在试样上，形成一定厚度的镀膜层。离子溅射时常用的气体为惰性气体氩，要求不高时，也可以用空气，气压约为 $5 \times 10^{-2} \text{Torr}$。

实验步骤

日立 E1010 型离子溅射仪实体图如图 11-1 所示。

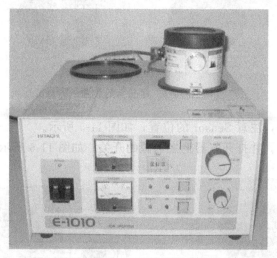

图 11-1 日立 E1010 型离子溅射仪实体图

（1）开墙上主机电源电源的开关，如图 11-2 所示。

图 11-2 主机电源

69

（2）打开主阀门的开关（从 CLOSE 转到 OPEN），如图 11-3 所示。

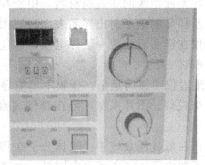

图 11-3　主阀门位置

（3）轻轻地打开样品室，并将准备好的样品放入喷镀台上，如图 11-4 所示。

图 11-4　样品台的放置

（4）将样品室放好，注意 Sensor 的位置，如图 11-5 所示。

（5）手压住样品室，并打开仪器上主电源的开关，如图 11-6 所示。

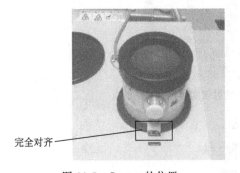

完全对齐

图 11-5　Sensor 的位置　　　　　　　　　图 11-6　电源位置

（6）真空表示数 10Pa 左右时，READY 灯亮起，点击 DISCHARGE，如图 11-7 所示。

（7）通过 VACUUM ADJUST 旋钮调整 DISCHARGE CURRENT 大约为 20mA，如图 11-8 所示。

注：逆时针调节 VACUUM ADJUST，VACUUM 增大，DISCHARGE CURRENT 增大；顺时针调节 VACUUM ADJUST，VACUUM 减小，DISCHARGE CURRENT 减小。

图 11-7 真空表

图 11-8 VACUUM ADJUST 旋钮调整

(8) 关于 VACUUM ADJUST 旋钮调整问题

① VACUUM 示数过大，DISCHARGE CURRENT 将超过 30mA，仪器自动停止工作，此时应检查 VACUUM ADJUST 是否已顺时针拧到底（见注），等 VACUUM 回到 3Pa 时，点击 DISCHARGE，继续工作。

② VACUUM 示数过小，DISCHARGE CURRENT 示数降为 0，此时应逆时针旋转 VACUUM ADJUST 旋钮，使 DISCHARGE CURRENT 示数保持在 20mA 左右。

③ 对于某些多孔样品，溅射过程中样品室真空会明显变大，导致 DISCHARGE CURRENT 很容易超过 30mA，此种样品应该加长抽真空的时间。

注：VACUUM ADJUST 旋钮调整遇到阻力，说明已经调节到极限，请立即停止调节，否则将损坏实验仪器！指针的最终位置见图 11-9。

(9) 喷镀结束后，等待 20s，并将 VACUUM ADJUST 顺时针拧到底，关闭仪器上的主开关，如图 11-9 所示。

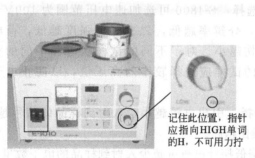

记住此位置，指针应指向HIGH单词的H，不可用力拧

图 11-9 关机

(10) 打开样品室取出样品。

(11) 再次盖好样品盖并抽好真空至 10Pa 以下。

(12) 关闭主阀门的开关（从 OPEN 转到 CLOSE）。

(13) 关闭主机电源。

实验十二

扫描电子显微镜的操作

实验目的

1. 熟悉扫描电镜构造及工作原理。
2. 熟悉扫描电镜的样品制备。
3. 掌握扫描电镜的参数的意义。
4. 掌握扫描电镜的基本操作。

实验仪器

S-4800 场发射扫描电子显微镜。

1. 二次电子像的观察和分析

(1) 加速电压 HV 选择　S-4800 可选加速电压范围为 $100\text{V}\sim30\text{kV}$，加速电压越低越能反映样品表面形貌，分辨率越低，二次电子强度越低，荷电越低，样品表面污染物影响越强，对样品损伤越小。对于不同的试样状态和不同的观察目的选择不同的高压值，如对原子序数小的试样应选择较小的高压值，以防止电子束对试样穿透过深和荷电效应。

(2) 引出电流 I_{ext} 选择　引出电流越小，入射到样品的信号越弱，二次电子信号量越少，杂散信号越少，信噪比越高。

(3) 探针电流 I_p　降低探针电流可减少入射到样品的电子数量，减轻荷电现象。

(4) 物镜光阑的选择　光阑孔径与景深、分辨率及试样照射电流有关。光阑孔径大，景深小，分辨率低，试样照射电流大，反之亦然。在观察二次电子像时通常选用 $300\mu\text{m}$ 和 $200\mu\text{m}$ 光阑孔。

(5) 工作距离和试样倾斜角的选择　工作距离是指物镜下极靴端面到试样表面的距离，通过试样微动装置的 z 轴进行调节。工作距离小，分辨率高，图像景深小；反之亦然。要求高的分辨率时可减小工作距离，为了加大景深可用增大工作距离。二次电子像的衬度与电子束的入射角有关。入射角越大，二次电子产生越多，像的衬度越好。较平坦的试样应加大试样倾斜角度，以提高图像衬度。

(6) 聚焦和像散校正　在观察图像时，只有准确聚焦才能获得清晰的图像，通过调节聚焦钮而实现。一般在慢速扫描时进行聚焦，也可在选区扫描时进行，还可在线扫描方式下调焦，使视频信号的波峰处于最尖锐状态。由于扫描电镜景深较大，通常在高倍下聚焦，低倍下观察。

当电子通道环境受污染时将产生严重像散，在过焦和欠焦时图像细节在互为 90° 的方向上拉长，必须用消像散器进行像散校正。消像散的方法：先调聚集钮，使图像不变形，然后分别调整消像散钮的 X 轴和 Y 轴，使图像清晰，反复此过程，直到图像最清晰。在改变电镜参数时应重新聚焦和消像散。

(7) 放大倍数选择　放大倍数的选择按实际观察所要求的分辨细节而定。S-4800 型扫描电镜放大模式有两种：低倍模式和高倍模式。低倍模式适合给样品定位，观察样品大概形貌；高倍模式适合高倍放大，观察样品的显微形貌。

(8) 亮度与对比度的选择　一幅清晰的图像必须有适中的亮度和对比度。在扫描电镜中，调节亮度实际上是调节前置放大器输入信号的电平来改变显示屏的亮度，衬度调节是调节光电倍增管的高压来改变输出信号的强弱。当试样表面明显凸凹不平时对比度应选择小一些，以达到明暗对比清楚，使暗区的细节也能观察清楚为宜。对于平坦试样应加大对比度。如果图像明暗对比十分严重，则应加大灰度，使明暗对比适中。

(9) 二次电子像的分析　二次电子像的产生深度和体积都很小，对试样的表面特征反应最灵敏，分辨率高，是扫描电镜中最常用的物理信息。试样的棱边，尖峰处产生的二次电子较多，则二次电子像相应处较亮，而平台、凹坑处射出的二次电子较少，则二次电子像的相应处较暗。根据二次电子像，对于陶瓷材料，可以观察晶粒形状和大小，断口的形貌，晶粒间的结合关系，夹杂物和气孔的分布特点，对于水泥和混凝土材料，可以观察水泥熟料，水泥浆体和混凝土中各晶体或凝胶体的空间位置，相互关系及结构特点；对于玻璃材料，可以观察玻璃的分相特点；对于复合材料常用深腐蚀法把基体相溶到一定的深度，使待观察相暴露于基体之上，利用二次电子像可以观察到组成相的三维立体形态；对于金属材料，可以观察断口的形貌特点，揭示断裂机理和产生裂纹的原因。

2. 背散射电子像的观察

背散射电子要用背散射电子探测器接收，主要有 3 种：

① 通常和二次电子共用一个探测器，只是在收集极上加 20～30V 的负电压，以排斥二次电子，不让其进入探测器参与成像；

② 单独的背散射电子接受附件，操作时将背散射电子探测器插入镜筒并接通相应的前置放大器；

③ 两个单独的背散射电子探测器对称地装在试样的上方。

背散射电子的产额与试样的表面形貌有关，但由于背散射电子能量大，离开试样表面后沿直线运动，出射方向基本不受弱电场影响，因而只有面向探测器的背散射电子才能被检测，背向探测器者不能进入探测器。这样检测到的背散射电子强度比二次电子弱得多。又由于产生背散射电子的样品深度范围大，因此，背散射电子像的反差比二次电子像大，且有阴影效应，分辨率也较低。背散射电子的产额还与试样成分有关，试样物质的原子序数越大，背散射电子数量越多。所以背散射电子像的衬度也反映了试样表面微区平均原子序数的差异，平均原子序数高的微区在图像上较亮，平均原子序数小的微区相应地较暗。由于所检测到的背散射电子信号较弱，所以在观察时要加大束流，并用慢速扫描。另外，对于粗糙表面，原子序数衬度往往被形貌衬度所掩盖，因此，用来显示原子序数衬度的样品，一般只需抛光而不必进行腐蚀。

S-4800 场发射扫描电子显微镜 Super EXB 各种模式的信号接收量，见图 12-1 所示。

图 12-2 为不同 Super EXB 模式下样品同一区域图像差异。

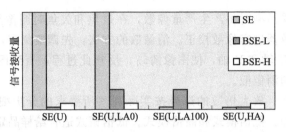

图 12-1　Super EXB 各种模式的信号接收量

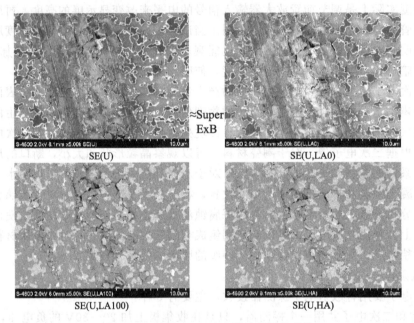

图 12-2　不同 Super EXB 模式下图像差异

3. 图像记录

经反复调节，获得满意的图像后就可以进行照相记录。在照相时，要适当降低增益并将图像的亮度和对比度调到合适的范围内，以获得背景适中、层次丰富、立体感强且柔和的照片。图像记录模式分扫描模式和积分模式。扫描模式是通过逐行扫描的方式来记录图像，这种方式图像采集速度慢，图像清晰，如果样品导电性不好，会造成放电现象，适合高倍且导电性好的样品；积分模式：扫描模式是通过几十帧图像的灰度叠加来记录图像，这种方式图像采集速度快，图像较清晰，如果样品导电性不好，可采用积分模式来减轻荷电。

实验步骤

1. SEM 设备的启动

（1）开墙上主要电源开关，如图 12-3 所示。

（2）将仪器后面板处的主电源开关（Main Power）打开，之后按下 Reset 键，如图12-4 所示。

（3）启动 Evac Power，等待 TMP 指示正常后顺序打开 IP1、IP2 和 IP3 的电源开关，真空启动程序开机结束，如图 12-5 和图 12-6 所示。

（4）开启左侧面板 Stage Power，如图 12-7 所示。

（5）启动循环水机电源，如图 12-8 所示。

（6）启动右侧 Display 开关，如图 12-9 所示。

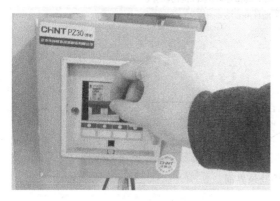

图 12-3 主机电源

图 12-4 Main Power

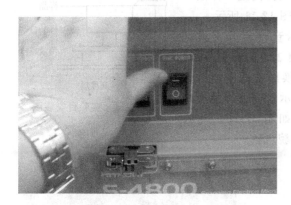

图 12-5 Evac Power

图 12-6 IP1、IP2 和 IP3

图 12-7 Stage Power

图 12-8 循环水机电源

图 12-9 Display 开关

（7）提示按键盘 Ctrl＋Alt＋Del 键，用户名默认 S-4800，点击 OK（没有密码）；PC 机自动启动进入 Windows 操作系统，并自动运行 S-4800 操作程序，此时点击 OK（没有密码）后自动进入 S-4800 操作软件。如图 12-10 所示。

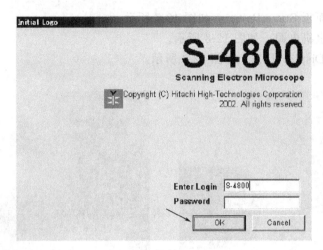

图 12-10 软件登录界面

2. 安装样品步骤

在实验台上事先粘好样品，并用高度规检测其高度，样品＋样品台＋锁紧螺栓总高度不得超过高度规，如图 12-11 所示。

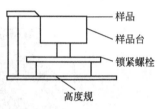

图 12-11 实验台安装图

点击 Air 按键（如图 12-12）→听到提示音→打开交换区（如图 12-13）→将样品台放到样品杆（如图 12-14），并 Lock（如图 12-15）→关闭交换区→按 EVAC 对交换区抽真空→听到提示音→按 OPEN 键（如图 12-16）→听到提示音→将样品杆推入样品室（如图 12-17）→Unlock→抽出（如图 12-18）→按 CLOSE 键（如图 12-19）→打开高压，进行形貌观察。

图 12-12 交换区充气

图 12-13 拉开交换区

图 12-14 安装试样

图 12-15 锁紧试样台

图 12-16　打开隔离阀

图 12-17　推送样品杆

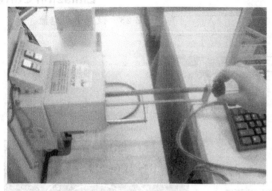

图 12-18　拉出样品杆

图 12-19　关闭隔离阀

3. 电子光学系统的和轴操作

打开 Flashing 菜单并执行强度 2，直到 $I_e = 20 \sim 30 \mu A$，如图 12-20 和图 12-21；选择合适的加速电压和引出电流，并点击 HV ON，当操作过程中 $I_e \leqslant 60\%$ 设定值时，点击 Set 使其恢复至设定值，如图 12-22、图 12-23 和图 12-24。

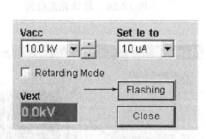

图 12-20　点击 Flashing

图 12-21　执行 Flashing

选择合适参数，点击窗口右上角加速电压开关 ON，进行电气合轴调整。

（1）打开 Alignment 对话框，点击 Beam Align 通过操作面板上的 X、Y 旋钮调整光斑到中心，如图 12-25 和图 12-26；

（2）暂时选 Off 关闭 Beam Align 对话框，调节图像亮度和对比度，通过 Focus 大致调整图像，再选择 Aperture Align 通过操作面板上的 X、Y 旋钮调整图像至心脏式跳动而不是摇摆晃动，如图 12-27 所示。

（3）再选择 Stigma Align X 通过操作面板上的 X、Y 旋钮调整图像至心脏式跳动而不是摇摆晃动，同样方法调整 Stigma Align Y，如图 12-28 所示。

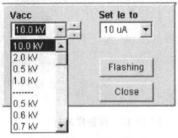

Accelerating Voltage

图 12-22　设置引出电压

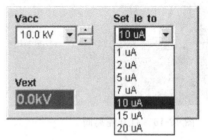

Emission Current

图 12-23　设置引出电流

图 12-24　增加引出电压和引出电流

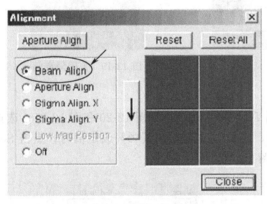

图 12-25　选择 Bean Align

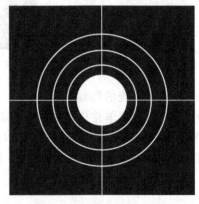

图 12-26　调整光斑位置

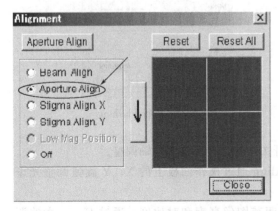

图 12-27　Aperture Align 调整

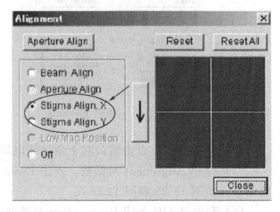

图 12-28　Stigma Align X（Y）调整

（4）关闭 Alignment 对话框，电气合轴完成。

4. 高倍模式与低倍模式

在低倍模式下，通过轨迹球找到相应样品；转换到高倍模式，调整位置和放大倍数，找到需要采集图像的位置。高低倍模式转换如图 12-29 和图 12-30 所示。

图 12-29 低倍模式

图 12-30 高倍模式

5. 清晰度调节

反复调整聚焦钮和消像散旋钮，直到图像最清晰；进一步增大 Mag 至超过自己想要的放大倍数，细聚焦调整并通过 Stiga 消除像散，使图像达至最清晰；聚焦和消像散旋钮位置如图 12-31 和图 12-32 所示，消像散前和消像散后对比如图 12-33 所示。

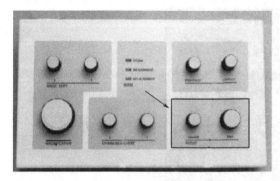

图 12-31 焦聚调节

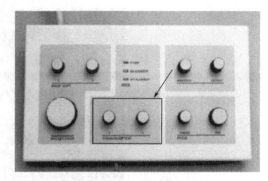

图 12-32 消像散调节

消像散前

消像散后

图 12-33 消像散前后图像对比

6. 图像采集

调整亮度/对比度，用扫描模式或积分模式采集图像。

7. 保存图片

系统可缓存 16 张图片，一般照完一个样品保存一次。将所要保存的图片全部选上，点击 Save，在弹出的对话框中选择保存的位置、图片格式、保存方式（Off、All Save、Quick

Save 或 Date No. Save），输入图片名称，点击 OK。

8. 取出样品

取出样品步骤：关闭高压→按 Home，当 Home 变灰时→将 Z 轴拧到 8.0mm→按 OPEN 键→听到提示音→将样品杆推入样品室→lock→抽出→按 CLOSE 键→提示音后按 AIR 键→打开交换区，Unlock，取下样品架→手压交换区，使其贴紧电镜，按 EAVC 抽真空。

9. 关机

测试完毕，取出样品，关闭软件，关闭 Windows，关 Display，关循环水机。

结果分析

扫描电镜可用来观察样品的表面形貌，通过表面形貌可分析样品的组织结构、粉体的形貌观察和粒度测量统计、孔径大小及分布、镀层结合情况观察和厚度测量、器件失效分析等。图 12-34 为某钢样经过抛光、腐蚀、清洗后，用扫描电子显微镜拍摄的显微照片。

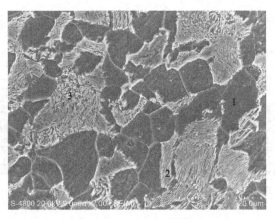

图 12-34　珠光体形貌图

图片下方文显示了图片的拍摄条件：加速电压 20.0kV，工作距离 9.0mm，放大倍数 2000 倍，信号为二次电子，探测器为上下混合模式，标尺为 20.0μm（10 格）。从图中可观察到，与较暗部分形貌类似的 1 区为铁素体，与颜色较亮部分形貌类似的 2 区为正常的珠光体，与颜色较亮部分形貌类似的 3 区为"被打散"的珠光体；还可以通过标尺判断晶粒大小及粒度分布、测量珠光体片层的数量和间距等。

实验十三

X射线能谱分析

实验目的

1. 巩固扫描电子显微镜的原理和操作方法。
2. 学习 X 射线能谱分析原理和功能。
3. 掌握 X 射线能谱仪的使用方法。

实验原理

1. 定性原理

X 射线能谱仪不可单独使用，必须与电镜联用。电镜电子枪发射出的高能电子射入试样时，若其动能高于试样原子某内壳层电子的临界电离能 E_c，该内壳层的电子就有可能被电离，被电离原子处于激发态，必须由外层电子跃迁到这个内壳层的电子空位，以降低原子的能量，由电子跃迁产生的多余的能量以 X 射线量子或俄歇电子形式发射出来。这些 X 射线的能量等于原子始态和终态的位能差。这种 X 射线具有元素固有的能量，称为特征 X 射线。例如原子的 L_m 层电子跃入 K 层所发射的 $K\alpha_1$ X 射线，其能量 $E_{K\alpha_1}$ 等于该元素原子 K 层与 L_m 层临界电离能之差。它是元素的特征，几乎和元素的物理化学状态无关。

X 射线能谱分析方法的基本原理是利用高能电子束轰击样品表面，应用一个掺杂有微量锂的高纯单晶硅半导体固体探测器接收由试样发射的 X 射线，通过分析系统测定有关特征 X 射线的能量和强度从而实现对试样微小区域的化学成分分析。

特征 X 射线的能量 E （或波长 λ）与原子序数 Z 的关系可用莫斯莱定律描述：

$$E = a (Z-b)^2 \quad 或 \quad \lambda = B/(Z-C)^2$$

式中，a、b、B 和 C 均为常数。

2. 定量原理

为了分析被测试样中各组成元素的百分含量，必须在 X 射线能谱定性分析的基础上进行定量分析。由于入射电子在固态试样中不仅激发特征 X 射线，还因受到原子电场的减速作用而发射连续谱 X 射线，这些连续谱 X 射线构成 X 射线能谱的背景。定量分析时应妥善扣除由连续谱构成的背景，应用适当的标准样品，通过基质校正把试样与标样中被分析元素的特征 X 射线强度比变换成元素的浓度比。

根据有关理论计算，入射电子在块状试样中激发某元素 i 的 K 系（或 L 系、M 系）特征 X 射线强度 I_i 为：

$$I_i = \frac{常数}{A_i} c_i R_i \omega_i \alpha_i \int_{E_c}^{E_0} \frac{Q_i}{S} dE \qquad (13-1)$$

式中　A_i——元素 i 的原子量；

　　　c_i——元素 i 在试样中的质量百分浓度；

　　　R_i——元素 i 对入射电子的背散射因子；

　　　ω_i——元素 i 的 K（或 L、M 层）系 X 射线荧光产额；

　　　Q_i——元素 i 的 K 层（或 L、M 层）电离截面；

　　　S——dE/E（ρx）是试样的阻挡本领；

　　　x——电子在试样中的运动距离；

　　　ρ——试样的密度；

　　　α_i——Kα（或 Lα）X 射线在 K 系（或 L 系）总强度中所占的比例。

假设元素 i 在待分析试样和标样中的重量百分浓度分别为 c_i 和 c_i^s、在相同实验条件下用 X 射线能谱仪分别测得试样和标样中元素 i 的特征 X 射线强度（在扣除背景后的元素 i 某特征峰计数）分别为 I_i 和 I_i^s，则试样中元素 i 的质量百分浓度 c_i 可表示为：

$$c_i = c_i^s I_i / I_i^s F / F^s \qquad (13-2)$$

这里 F 和 F^s 分别是试样和标样的基质校正因子，它计入了以下几个物理过程对试样产生的 i 元素特征 X 射线强度的影响：

① 特征 X 射线射出试样表面之前在试样中的吸收效应 —— 吸收校正 F_a；

② 试样内其他元素的 X 射线和连续谱 X 射线激发被分析元素 i 的荧光辐射而引起其特征 X 射线强度的增强 —— 荧光校正 F_f；

③ 由于入射电子在试样上背散射，使产生的 X 射线强度减弱了 —— 背散射校正 F_b；

④ 由于入射电子在试样中传播时的能量衰减而造成 X 射线产生效率的变化 —— 阻挡本领校正 F_s。

因此，试样总的基质校正因子 $F = F_a F_f F_b F_s$；同理，标样的总校正因子 $F^s = F_a^s F_f^s F_b^s F_s^s$。

除此之外，由于试样化学成分、表面形貌、X 吸收、原子扩散和偏析、X 射线二次激发、荷电效应等诸多因素的影响，也会对分析结果产生巨大影响。因此 X 射线能谱定量分析可采用相对比较的分析方法，引入标准样品，以保证分析结果的准确性与可靠性。选择标样的一般原则是：

① 标样应和待测试样的物理化学状态接近，例如分析金属与合金时优先选用合金标样，分析矿物时则选用矿物标样，其次可选用纯元素标样。

② 标样的成分要均匀且和待测试样的化学成分接近。注意尽量避免出现其他次要元素的干扰谱线。

③ 在电子束辐照下化学成分稳定，优先选用导电、导热性较好的标样。

④ 标样表面应光洁平滑、划痕少、无污染物、无氧化层，特别注意避免电解抛光残留产物。标样使用前需用光学显微镜对其表面状态进行检查，采集能谱时应注意避开如晶界、小粒子及其他缺陷位置。

⑤ 对于导电性不良的标样，必须在其表面喷镀导电层，例如碳。在喷镀时应将标样和待测试样同时进行喷镀，并使二者对蒸发源的距离和角度相等，以保证二者表面镀层的厚度一致，减少由于 X 射线被镀层吸收引入的分析误差。表面导电层和试样座之间应有良好的导电通路。可以用导电胶在试样表面层和试样座之间连一通路。

一、试样的制备

X射线能谱仪须与电镜联用，一般来说，电镜能观察的样品，都可以用能谱仪进行元素定性分析。若需做定量分析、元素面分布、元素线分布等，则需满足以下条件：

① 尺寸太小的试样或微小颗粒试样要进行镶嵌，然后进行研磨与抛光。

② 块状样品要先进行镶嵌，再进行研磨、抛光，也可不镶嵌，直接进行研磨和抛光处理。

③ 样品若需腐蚀，必须要选择轻度腐蚀，深度腐蚀产生的表面凹凸会影响定量分析结果。

④ 导电性不良的试样要在其表面喷镀导电层。通常将试样已抛光面朝上安放在喷镀仪内，喷镀薄薄的一层碳，其厚度一般在20～50nm范围。试样表面导电层和样品座之间应有良好的导电通路，较高的试样可用导电胶在样品表面和底座之间粘贴一条通路。

图 13-1　Noran7 X 射线能谱仪

下面以日本日立 S-4800 场发射扫描电子显微镜和美国赛默飞世尔 Noran7 X 射线能谱仪为例，详述实验参数的选择和实验过程。赛默飞世尔 Noran7 X 射线能谱仪如图 13-1 所示。

二、实验参数的选择

1. 加速电压

加速电压 V 或入射电子束能量 E_0 的选择主要考虑待测试样特征 X 射线的激发效率和入射电子在试样中的穿透深度两个因素。高能入射电子激发的特征 X 射线强度与 $(E_0/E_c-1)^{1.67}$ 成比例关系（其中 E_c 是被测元素有关电子壳层的临界激发能），提高 E_0，即提高加速电压 V 可以得到较高的 X 射线产出率，使探测器接收的计数率增大，而且峰背比随 U 增高而增加。

但另一方面，随着 E_0 增高，电子在试样中行程增加，使分析的空间分辨率变坏，需要的吸收校正增加。因此，样品定量分析时不宜选用过高的加速电压，一般取 E_0 为主要被分析元素谱线临界激发能 E_c 的 2～3 倍，最常用的加速电压值范围为 10～25keV。分析微量元素时，为了得到较高峰背比，可适当提高加速电压。

2. 入射电子束束流

被分析试样发射的 X 射线强度直接取决于入射电子束束流 I_P，而

$$I_P \approx kC_s^{-2/3}\beta d_P^{8/3} \tag{13-3}$$

式中，k 为常数；C_s 是末级透镜球差系数；β 为电子枪亮度；d_P 为入射电子束直径。显然电子枪亮度明显影响入射束束流从而影响 X 射线的计数率。可设置引出电流值 I_{ext} 为最大值 20μA，入射电子束束流 I_P 选 High。

3. 采集能谱的计数时间

为了减小元系特征峰强度测量的标准偏差，该特征峰总计数 N 越大越好，即能谱采集时间越长越好。但如果样品在电子束辐照下稳定性不好，时间过长就会造成样品表面元素发生严重的扩散或偏析。因此，综合以上两点，做元素定量能谱时采集时间设为 100s 为宜；做元素面分布或线分布采集时间则需要相当长的时间，这也需要样品耐电子辐照能力更强。

4. X 射线探测器位置、工作距离和倾转角度

样品中射出的特征 X 射线在各方面密度不同，通过对 X 射线探测器的位置在电镜样品室中的位置、需要调整样品在 Z 轴上的位置和样品台的倾转角度的调整，可使 X 射线探测器更有效的接收特征 X 射线。一般来说 X 射线探测器位置选定后，不再做调整，工作距离和倾转角度可根据不同的电镜厂商和电镜型号咨询电镜工程师。S-4800 型场发射扫描电子显微镜的样品台不需要调，只需将工作距离设置在 15mm 即可。

实验步骤

元素定性分析是 X 射线能谱仪最基本的功能，也是定量分析的前提。元素定性分析的任务就是根据能谱上各特征峰的能量值确定试样的化学元素组成，下面以日本日立 S-4800 场发射扫描电子显微镜和美国赛默飞世尔 Noran7 X 射线能谱仪为例，介绍元素定性方法。

(1) 设置电镜参数。加速电压：10～25kV，视情况而定；引出电流：$20\mu A$；入射电子束：High；观察试样的二次电子扫描像，选择试样的待分析区。

(2) 调节 Z 轴、聚焦旋钮、消像散旋钮，保证图像调节清晰时工作距离约为 15mm。

(3) 在能谱软件上选择 Spectrum（电镜图像区域元素分析）、Point & Shoot（电镜图像区域中选某点或某区域进行元素分析）、Spectral Imaging（电镜图像区域元素面分布）或 X-ray Linescans（电镜图像区域元素在某条直线变化）功能采集能谱，采谱时间依所选功能而定。

(4) 对照元素的特征 X 线能量值表或利用分析系统提供的元素特征谱线标尺鉴别谱上较强的特征峰。鉴别时应按能量由高到低的顺序逐个鉴定较强峰的元素及谱线名称并及时做出标记。这是由于在高能一侧同一元素不同谱峰间的能量间隔较大，易于区分。鉴别一种元素时应找出该元素在所采集谱能量范围内存在的所有谱线。

(5) 在对所有较强峰一一鉴别后，应仔细辨认可能存在的弱小峰。由含量很低的元素形成的弱小峰有时和连续谱背景的统计起伏相似、难以分辨，可适当延长采谱时间。如果鉴别微量元素对分析很重要，往往要用波谱法作定性分析，以便更可靠地确定这些元素。

(6) 剔除硅逃逸峰和和峰。产生硅逃逸峰的原因是由于被测 X 线激发出探测器硅晶体的特征 X 射线，其中一部分特征 X 射线穿透探测器"逃逸"而未被检测到，因而记录到的脉冲讯号相当于是由能量为（$E-E_{Si}$）的光子所产生的。硅的 Kα 谱线能量为 1.74keV，因此在能量比元素主峰能量 E 小 1.74keV（$=E_{Si}$）的位置出现硅逃逸峰。其强度为相应元素主峰的 1‰（P 的 Kα）到 0.01%（Zn 的 Kα）之间。只有能量高于硅的 Kα 系临界激发能时，被测 X 射线才能产生硅逃逸峰。进行分析时应将逃逸峰剔除并将其计数加在相应主峰的计数内。

(7) 如果在对试样采谱时计数率很高，这时可能会有两个 X 线光子同时进入探测器晶体，它们产生的电子-空穴对数目相当于具有能量为该两个 X 线光子能量之和的一个光子所产生的电子-空穴对数目。因而在能谱上能量为该两个光子能量之和的位置呈现出一个谱峰即和峰。定性分析时，当鉴别出主要元素后，应确定和标记出这些元素主峰的和峰位置。在这些位置上出现的谱峰如果与各元素特征峰能量值不符，就应考虑和峰存在。出现和峰时，应降低计数效率重新采谱。

(8) 定性分析时，重叠峰的判定也很重要。许多材料往往含多种元素，产生重叠峰干扰的情况时有发生。当两个重叠谱峰的能量差小于 50eV 时，这两个峰几乎不能分开，即使用谱峰剥离方法也难以进行准确的分析。例如 S 的 Kα 和 Mo 的 L 线及 Pb 的 M 线相互重叠干扰就属于这种情况。分析时如果认为有谱峰被干扰掩盖，应该再用波谱仪从新定性分析。

（9）定性工作结束后，点击 Export to Word 按钮，保存定性测试结果即可。

（10）定量分析　X射线能谱有关谱线强度的测定是定量分析的关键步骤之一。假定已经按前面所述的实验条件从被分析试样上采集了一个适当的 X 射线能谱，通过定性分析，正确鉴别了该能谱上各谱峰的元素及谱线名称。定量分析时，先对每个元素选择一个待测定的谱线，谱线的选择原则上优先选用被分析元素的主要发射线系。如果样品中含有的其他元素对主要特征 X 射线谱线造成干扰，可按以下顺序选用其他谱线：

$$K\alpha、L\alpha、M\alpha、K\beta、L\beta、M\beta$$

为了测定元素选定谱峰的强度，首先必须扣除由试样连续谱 X 射线形成的背景，再对感兴趣的谱峰进行积分，在发生重叠峰的情况下还需要对重叠峰进行剥离，有时还须计入硅逃逸峰的影响。正确扣除能谱的背景是定量分析的重要环节。目前在能谱分析中应用的背景扣除方法主要有手工法、数学模型法和数字滤波法几种，这些方法可以通过应用计算机程序实现。

在 X 射线能谱上遇到特征峰重叠的情况时，必须设法将重叠的谱峰剥离开，推导出感兴趣特征峰的真正强度。现行应用的重叠峰剥离方法有几种，常用的有重叠系数法、参考峰解卷积法、最小二乘拟合法等。

采集的谱图经背景扣除、重叠峰剥离，求得特征峰的积分强度后，还必须进行仪器校正和基质校正才能得到试样的化学成分。基质校正方法有 ZAF 修正法、B-A 修正法、XPP 修正法等。

以上参数和计算方法，软件都可以直接实现。

如果结果要求不高，可采用无标样定量方法：定性分析结束后，点击选择 Analysis Setup/Quant Fit Method 选择 Without Standards；Analysis Setup/Correction Method，选择合适的校正方法；勾选 Use Matrix Correction；点击 Quantify Spectrum 和 Export to Word 可得到无标定量结果，此结果已经能够满足大部分测试要求。

对要求精确定元素成分的样品，可采用标准样品定量法测定。首先利用一个已知成分的标样，在相同实验条件下测定试样和标样中同一元素 i 的 X 射线强度比

$$I_i / I_i^s = K_i \qquad (13-4)$$

则元素 i 在试样中的质量百分比浓度 c_i 为

$$c_i = Z_i A_i F_i K_i c_i^s \qquad (13-5)$$

由于修正因子 $Z_i A_i F_i$ 的计算与待定的试样成分 c_i 有关，通常采取迭代法来计算。

图 13-2　三个重要功能

应用实例

如图 13-2 所示，图标代表了 X 射线能谱仪的三个重要功能。

（1）测量扫描电子显微镜显示区域的平均成分，操作按钮如图 13-3 所示。点击图中方框1所标按钮进行信号采集，系统将自动对谱图定性，点击图中方框2所标按钮进行定量分析，点击图中方框3所标按钮生成测试报告。

某样品测试结果如图 13-4 所示。

图 13-3　平均成分测试

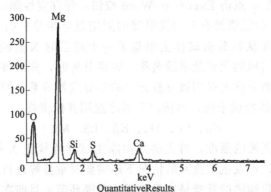

图 13-4　平均成分测试报告

Element	Weight%	Atom%
O	53.94	65.36
Mg	36.16	28.84
Si	3.50	2.42
Si	…	…
S	2.37	1.43
S	…	…
Ca	4.02	1.95
Ca	…	…
Total	100.00	100.00

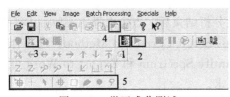

图 13-5　微区成分测试

（2）将扫描电子显微镜显示区域图像取到 X 射线能谱仪上，对其中的某个区域或某点进行成分分析，操作按钮如图 13-5 所示。点击图中方框 1 所标按钮将扫描电子显微镜显示区域图像取到 X 射线能谱仪上，选择图中某区域或某点，点击图中方框 2 所标按钮集号采集，系统将自动对谱图定性，点击图中方框 3 所标按钮进行定量分析，点击图中方框 4 所标按钮生成测试报告。

某样品测试结果如图 13-6 所示。

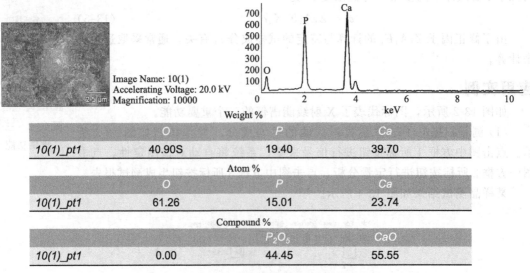

Image Name: 10(1)
Accelerating Voltage: 20.0 kV
Magnification: 10000

Weight %

	O	P	Ca
10(1)_pt1	40.90S	19.40	39.70

Atom %

	O	P	Ca
10(1)_pt1	61.26	15.01	23.74

Compound %

		P₂O₅	CaO
10(1)_pt1	0.00	44.45	55.55

图 13-6　微区分析测试报告

（3）将扫描电子显微镜显示区域图像取到 X 射线能谱仪上，对当前区域进行元素面分布，操作按钮如图13-7所示。点击图中方框1所标按钮将扫描电子显微镜显示区域图像取到 X 射线能谱仪上，点击图中方框 2 所标按钮集号采集，系统将自动对谱图定性并给出元素相应的分布图，采集完成后点击图中方框 3 所标按钮生成测试报告。

某样品测试结果如图 13-8 所示。

图 13-7　元素面分析测试

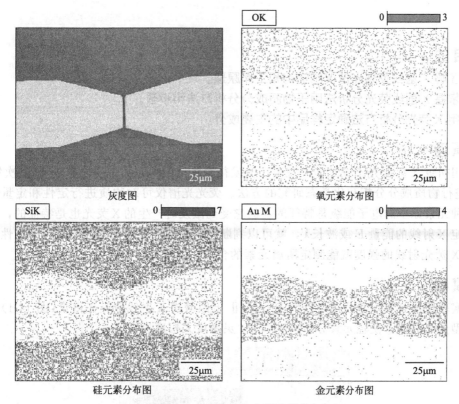

图 13-8　元素面分布测试报告

实验十四

X射线荧光光谱分析

实验目的

1. 了解 X 射线荧光光谱仪的结构和工作原理。
2. 掌握 X 射线荧光分析法用于物质成分分析方法和步骤。
3. 用 X 荧光分析方法确定样品中的主要成分。

实验原理

利用初级 X 射线光子或其他微观离子激发待测物质中的原子,使之产生荧光(次级 X 射线)而进行物质成分分析和化学态研究的方法。荧光光谱仪可对物质进行定性和定量分析,因为每种元素原子的电子能级是特征的,故它受到激发时产生的 X 荧光也是特征的,因此,只要测定 X 射线的能量 E 或波长 λ,就可以判断出院子的种类和元素的组成,即定性分析;根据该 X 荧光射线的强度就能测定所属元素的含量,即定量分析。

实验仪器

本实验使用日本理学公司生产的 PrimusⅡ 上照射式 X 射线荧光光谱仪(图 14-1),因采用了新型分光晶体,使轻元素分析(如 C,B)灵敏度大幅度提高。

图 14-1　X 射线荧光光谱仪

实验步骤

1. 开机

(1) 开机前检查仪器各开关状态是否正确。

(2) 开启循环水装置，观察水温是否在 $19 \sim 23℃$ 之内。打开气阀，检查 PR 气体储量及流量。

(3) 开启仪器电源开关，注意压力表压力须在 $0.37 \sim 0.39$MPa 之间。

(4) 启动电脑主机，运行 ZSX 软件，仪器自动初始化，屏幕显示 ZSX 窗口。观察仪器状态，确认各指标正常，如图 14-2 所示。

2. 样品测量

(1) 开启 X 射线，运行 X 射线管自动老化和 PHA 调节程序，如图 14-3 所示。

(2) 调节光管电压至 50kV，电流至 60mA，稳定 $5 \sim 10$min，如图 14-4 所示。

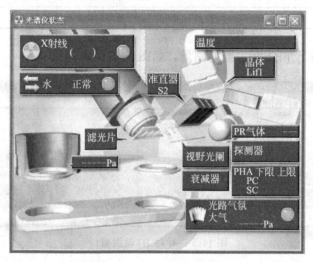

图 14-2　ZSX Primus Ⅱ 窗口

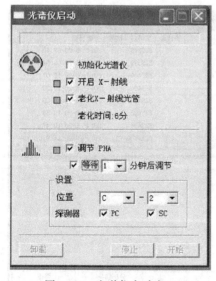

图 14-3　光谱仪启动窗口

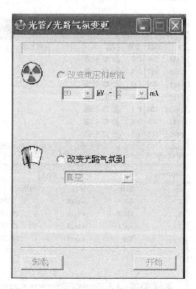

图 14-4　光管／光路气氛变更窗口

（3）装好样品，进入测量程序，做仪器漂移较正，进行样品测量。

① 点击菜单上的 分析 。分析程序有＜样品 ID 设置＞主窗口和＜分析结果＞、＜定性谱图＞、＜ASC 状态＞和＜运行状态＞等子窗口。在初始状态下，＜分析结果＞、＜定性谱图＞和＜ASC 状态＞窗口相互重叠；当点击＜样品 ID 设置＞窗口右上部的按钮时，上述窗口会被显示出来。关闭主窗口＜样品 ID 设置＞后，所有子窗口也被关闭。

② 在 样品 ID 设定 中输入待测样品信息。ID 行中可设置的分析或测量的类型有如下几种：

ID 类型	说明
EZ 扫描	定性分析设定
样品 ID	定性分析、定量分析和分析控制设定
控制 ID	光路气氛变更等控制 ID 设定
循环重复分析	循环重复分析设定

设置好后点击右下角 分析 ，开始测量，如图 14-5 所示。

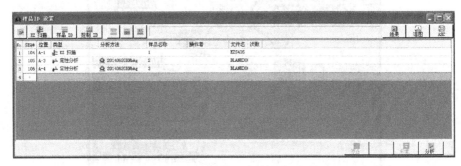

图 14-5　样品 ID 设置窗口

③ 测量完毕后，结果会显示在 分析结果 窗口中，如图 14-6 所示。

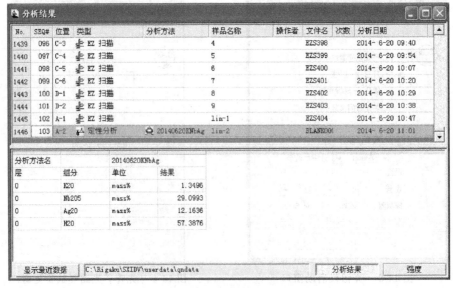

图 14-6　分析结果窗口

（4）填写仪器使用登记。

关机

① 进入关机菜单，点击光管／光路气氛改变程序，逐步降低功率至最低（20kV、2mA）。

② 点击关机，关闭 X 射线，选择真空保护。退出 ZSX 系统，关闭电脑及仪器电源开关，如图 14-7 所示。

图 14-7　关机窗口

应用实例

Primus Ⅱ 分析粉尘样品中的元素。

F	mass%	0.5184	MnO	mass%	0.1242
Na₂O	mass%	5.0623	Fe₂O₃	mass%	21.1961
MgO	mass%	1.0127	NiO	mass%	0.0567
Al₂O₃	mass%	0.9616	CuO	mass%	0.1691
SiO₂	mass%	1.3674	ZnO	mass%	0.2256
P₂O₅	mass%	0.0484	SeO₂	mass%	0.0436
SO₃	mass%	29.2883	Br	mass%	0.071
Cl	mass%	4.5905	Rb₂O	mass%	0.2195
K₂O	mass%	26.341	SrO	mass%	0.0057
CaO	mass%	6.9417	MoO₃	mass%	0.0052
TiO₂	mass%	0.0654	PbO	mass%	1.499
Cr₂O₃	mass%	0.1868			

实验十五

X射线荧光光谱分析的试样制备

实验目的

1. 初步掌握样品制备的方法。
2. 规范样品制备操作流程，从而保证分析数据的准确性。

实验内容

1. 压片法

粉末直接压片法是指不经过制粒过程，直接把药物和辅料的混合物进行压片的方法。该方法避开了制粒过程，因而能省时节能、工艺简便、工序少，适用于湿热不稳定的药物等突出优点，但也存在粉末流动性差、片重差异大，粉末压片容易造成裂片等弱点，致使该工艺的应用受到了一定的限制。

压片法的工艺流程主要有以下几步：

(1) 干燥　除去吸附水，有助于来样制备的可靠性，提高制样的精度。

(2) 焙烧　可改变矿物的结构，如将黏土类矿物如高岭土、含石英砂陶土和膨润土在1200℃时焙烧即可转换为莫来石，从而克服矿物效应对分析结果的影响。焙烧亦可除去结晶水和碳酸根。但若样品中存在还原性物质，在空气中焙烧也会引起氧化，应引起注意。

(3) 混合与研磨　样品经混合研磨可降低或消除不均匀效应，这一步骤是必要的，即使是纳米级粉末，也需经研磨克服其"团聚"现象。研磨分手工研磨和机械研磨，一般的粉末样品用手工研磨即可；对于颗粒大且硬度大的样品，需用机械研磨，将样品放入振动磨中，调好振动频率与振动时间，按下绿色 start 按钮即开始研磨，研磨后的样品粒径可达 200 目以下。

(4) 压片　为便于保存和防止压制的试样片边缘损坏，通常推荐用铝杯或钢环；当样品量较少时，也可用硼酸做模具。

以硼酸压样为例，压片的步骤如下。

① 压样机操作界面如图 15-1 所示。调节电接点压力表上限至压片所需要的压力。

② 调整调节栓位置：点动下行，使模具外套下沿与嵌套盘上平面之间无间隙。盖上模具压盖，合上摆臂，将调节栓底平面旋至距压盖 1mm 左右距离，旋紧摆臂后面的调节栓锁紧钮。

③ 调节压片保压时间，设置逻辑控制模块 B5 ＝保压时间。

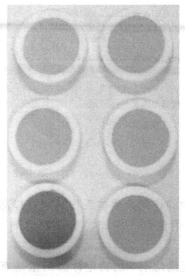

图 15-1 压样机操作面板及压制样品

④ 进行压片操作：放上漏斗，装料，放硼酸，移开料斗，盖上压盖，合上摆臂，按启动按钮，设备开始压片，程序如下：

压头快速上行，当压力达到电接点压力表下限压力时开始缓加压动作，当压力达到电接点压力表上限压力时停机保压并开始保压计时，保压时间结束后系统开始慢卸压，然后快卸压去掉残余压力，模具整体下降1mm，手动推开摆臂。

再按启动按钮，压头快速上行顶出压盖和压样样品，拿下压盖和样品，压头快速下行，压头停止动作。

铝杯压样调试方法与硼酸压样基本相同，只是装料时不使用料斗，而是放入铝杯。

粉末直接压片法避开了制粒过程，因而能省时节能、工艺简便、工序少、适用于湿热不稳定的药物等突出优点，但也存在粉末流动性差、片重差异大，粉末压片容易造成裂片等弱点，致使该工艺的应用受到了一定的限制。

2. 熔片法

在物理和化学分析方法中，无论采取什么手段，高的精确性只有在均匀的样品中才能获得，尤其是 XRF 分析。达到这种要求的一种简单方法是将样品熔于熔剂中，一种独特的、通用并且快速的技术就是用碱性硼酸盐进行熔融制样。在 XRF 分析中，由于最终得到的是固态玻璃，所以硼酸盐熔融制样尤为优越。在其他物理 - 化学方法中（AA 和 ICP 分析）硼酸盐熔融制样与酸消化技术对比，通常是制备液态熔融液中更简单易行的途径。

熔融制样是对所有将固态样品转化成更易被分析的新的混合物的化学处理的通称。这些混合物是原始样品和将被用于分析的终末溶液之间的媒介。最终的熔融液既可以是常规的液态溶液，或者也可以是较不常规的，即玻璃中的固态熔融液。

熔融混合物的制备过程：

（1）选取代表性材料的样品用于分析。为了确保代表性，应当将材料研磨细。由于硼酸盐熔融是分散相，颗粒越细熔融越快，推荐研磨至小于 200 粒度（< 75μm）或更细。熔样机如图 15-2 所示。

（2）确定一种方便的样品 / 助熔剂重量比例，考虑如下方面：

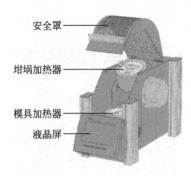

安全罩
坩埚加热器
模具加热器
液晶屏

图 15-2　熔样机

① 助熔剂中的任何杂质被看作是来自样品的，其浓度等于它在助熔剂中的浓度乘上助熔剂相对于样品的比例。例如，如果助熔剂 / 样品比例为 5/1 的话，助熔剂中杂质相当于 0.02%。

② 溶于特定助熔剂中的特定样品的量是有限的；第一次测试中，从便于操作的样品 / 助熔剂比例 1/10 开始；后续熔融中，对于有些材料可以增加到 1/5 或甚至 1/2。尽管不常见，但是对于有些在助熔剂中看起来溶解不完全的情况，曾观察到颗粒细到足以保证能够最终溶于酸性熔剂。当偏硼酸锂作为助熔剂制备熔融液时，这些比例可以提高大约 1.5 倍。

③ 将样品称至接近微克或更精确。助熔剂重量的精确度不是非常重要。

④ 待熔融的混合物转移至熔融设备的坩埚中。

⑤ 加入大约 100mg 的脱模剂（锂、钠的碘或溴化物）。可以以晶体或水溶液的形式添加到待熔融的混合物的顶部。只有在这些元素对分析物影响重大时才有必要精确称量。脱模剂的量是远远过量的，用以确保熔化玻璃的总量像整滴玻璃一样能够倾入到烧杯中，坩埚中没有残留。因此，保证了分析精确度，并且从不需要将坩埚从设备上取下进行清洁。

⑥ 开启仪器（仪器后部有摇杆开关），显示主屏幕。

⑦ 使用箭头键，选择需要的熔融方式，按 OK 键确定。

⑧ 将模具放置在仪器上。

⑨ 将坩埚放上仪器，利用反射器将其锁住固定到位置上。锁上反射器之前，确保坩埚与它的孔很好地对齐。

⑩ 按下 OK 键开始熔融，熔剂熔融并熔解样品，此时模具是加热状态，坩埚倾斜，倒入模具。

⑪ 仪器鸣叫三次，小心取出成型的玻片。

注：熔融液的制备中熔化物的均匀化不是最重要的，因为，整个熔融材料会转移到溶剂中并且坩埚中没有残留。一旦样品 / 助熔剂混合物完全熔化，就可以准备倾倒了。

硼酸盐熔融制样的主要特点是：

① 只需借助高温就可以在 2 ～ 5min 范围内快速熔融；

② 可以从坩埚中定量转移熔化的玻璃，而不会在坩埚中有残余损失；

③ 可应用于大多数氧化物和硫化物，以及多种金属和合金；

④ 简单的全自动过程，如果有必要的话包括非氧化物质的预氧化；

⑤ 可以从纯的化学品制备任何组合物的合成标准物。

3. 金属样品的制备

荧光光谱仪测量金属样品，通常取样后直接用于测定。但应注意以下几点：

① 取样能代表总体样品；

② 取样过程中保持表面光洁；

③ 不能出现多孔、偏析和夹杂物；

④ 成品和半成品金属样品，可用切割法取片。为保证取样代表性，应从无缺陷部位取 3 个以上的样品进行测试；

⑤ 若存在结构效应或样品形状不适合于 X 射线荧光光谱分析，可再铸或制成溶液。

实验十六

原子吸收光谱分析

实验目的

1. 了解实验原理及仪器构造。
2. 了解样品的处理方法。
3. 掌握火焰实验过程。
4. 掌握石墨炉实验过程。

实验原理

在自然界中一切物质的分子均由原子组成，而原子是由一个原子核和核外电子构成。原子核内有中子和质子，质子带正电，核外电子带负电；其电子的数目和构型决定了该元素的物理和化学性质。电子按一定的轨道绕核旋转；根据电子轨道离核的距离，有不同的能量级，可分为不同的壳层。每一壳层所允许的电子数是一定的。当原子处于正常状态时，每个电子趋向占有低能量的能级，这时原子所处的状态叫基态(E_0)。在热能、电能或光能的作用下，原子中的电子吸收一定的能量，处于低能态的电子被激发跃迁到较高的能态。原子此时的状态叫激发态(Eq)。原子从基态向激发态跃迁的过程是吸能的过程。每种物质的原子都具有特定的原子结构和外层电子排列，因此不同的原子被激发后，其电子具有不同的跃迁，辐射出不同波长光，就是说每种元素都有其特征的光谱线。由于谱线的强度与元素的含量成正比，以此可测定元素的含量，做定量分析。

实验仪器构造

主要由光源、原子化器、单色器、检测器、信号处理系统构成。

1. 光源

作用：提供待测元素的特征波长光。

要求：光强应足够大，有良好的稳定性，使用寿命长。空心阴极灯是符合上述要求的理想光源，应用最广。

测量不同的元素必须使用相对应的元素灯，所以衡量原子吸收分光光度计是否方便使用的一个重要指标就是在测量多个元素时，元素灯切换是否简便易行。从使用上看，仪器可以容纳的元素灯越多，关机换灯的频率就越低，自动换灯又比手动换灯方便准确。

2. 原子化器

作用：将待测试样转变成基态原子(原子蒸气)。

要求：具有足够高的原子化效率；具有良好的稳定性和重现性；操作简单，常用的原子化器有火焰原子化器和非火焰原子化器。

(1) 火焰原子化器(包括雾化器，雾化室和燃烧器)　将液体试样经喷雾器形成雾粒，这些雾粒在雾化室中与气体(燃气与助燃气)均匀混合，除去大液滴后，再进入燃烧器形成火焰。此时，试液在火焰中产生原子蒸气。

(2) 非火焰原子化器　非火焰原子化器常用的是石墨炉原子化器。石墨炉原子化法的过程是将试样注入石墨管中间位置，用大电流通过石墨管以产生高温使试样经过干燥、灰化和原子化。

与火焰原子化法相比，石墨炉原子化法具有如下特点：

灵敏度高、检出限低；进样量小；干扰因素减少；减少了溶液物理性质对测量的影响，排除了被测组分与火焰间的相互作用。

(3) 氢化物原子化法　主要应用于：As、Sb、Bi、Sn、Ge、Se、Pb、Ti、Hg 等元素。原理是在酸性介质中，与强还原剂硼氢化钾反应生成气态氢化物。将待测试样在氢化物生成器中产生的氢化物，送入原子化器中检测。特点：原子化温度低(1000℃ 以下)，灵敏度高(对砷、硒可达 10^{-9} g)。

3. 单色器

将待测元素的共振线与邻近谱线分开。主要部件是光栅。

4. 检测器

将单色器分出的光信号进行光电转换。在原子吸收分光光度计中常用光电倍增管作检测器。

5. 信号显示系统

处理放大信号并以适当方式指示或记录下来。

由光源发出的光，通过原子化器产生的被测元素的基态原子层，经单色器分光进入检测器，检测器将光强度变化转变为电信号变化，并经信号处理系统计算出测量结果。

样品处理方法

1. 器皿的选择与洗涤

(1) 器皿的选择　对于微量元素分析来说，所用器皿的质量以及洁净与否对分析结果至关重要。目前微量元素分析常用的除了玻璃器皿外，还有塑料、石英、玛瑙等材料制成的器皿，可根据测定元素的种类以及测定条件来选择适用的器皿。

(2) 器皿的洗涤　容器的洁净是获得准确测定结果的保证。一般洗涤程序应为：器皿先用洗涤剂刷洗，再用自来水冲洗干净，30％ 硝酸浸泡 48h，然后用蒸馏水冲洗数次，最后再用超纯水浸泡 24h 烘干备用。

2. 水及试剂

(1) 水的纯度　使用去离子水即可满足要求。

(2) 试剂及保存　在原子吸收分析中，酸试剂以硝酸、高氯酸和盐酸最为常用。其中浓硝酸和高氯酸为强氧化剂，常被用于样品的消解；稀盐酸则常被用于无机物样品的溶解。一般来说，各种酸试剂应使用优级纯制剂。另外，用以配制标准溶液的标准物质应选用基准试剂。贮备液应为浓溶液(一般来说浓度为 1000×10^{-6} 的贮备液在一年内使用其结果不受影响)。标准曲线工作液较稀应当天使用，久放则其曲线斜率会有改变。

3. 样品的前处理

样品的预处理是在进行原子吸收测定之前，将样品处理成溶液状态，也就是对试样进行分解，使微量元素处于溶解状态。

（1）无机试样的前处理

① 水溶解：可溶性无机化合物，可以直接用水溶解制成测定溶液，如硫酸铜、氯化钠等。但考虑到溶液的稳定性及与标准溶液酸度的一致性，往往要加入一些酸。

② 酸分解：大多数无机化合物、金属、合金、矿石试样能用酸溶解。常用的酸有盐酸、硝酸、高氯酸、氢氟酸以及各种混合酸。有时也用硫酸和磷酸。用酸分解可通过加热将多余的酸蒸发掉，便于控制溶液酸度，溶液基体比较简单。操作简便，快速，设备简单，是原子光谱分析中应用最多的溶样方法。

③ 碱溶：有些情况下，氢氧化钠、氢氧化钾等强碱溶液也用于溶解试样。如：金属钨、金属铝、铝合金等。高纯铝在盐酸中溶解很慢，而在氢氧化钠溶液中能迅速溶解。在引入的钠盐不影响测定的前提下也用来分解试样。测定其中的金属元素时，要将碱中和使金属的氢氧化物溶解。碱熔融的熔剂有：氢氧化钠、氢氧化钠＋氢氧化钾、过氧化钠、碳酸钠、偏硼酸锂、四硼酸锂等。

④ 焙烧：焙烧在低于熔剂熔点的温度下分解试样。烧结熔剂：碳酸钠、碳酸钙、过氧化钠、氧化镁等。烧结法熔剂用量比熔融法少，几乎不腐蚀坩埚，引入的盐类相应减少。

（2）有机试样的前处理

① 干式灰化：干式灰化是使有机物燃烧，其中的金属元素转化为无机盐，然后用适当的酸溶解灰分制成稀酸溶液，用于原子光谱测定。通常将试样置于铂坩埚或瓷坩埚内，先在低温电炉上使试样炭化，然后放入马弗炉内灰化。植物、蔬菜等鲜品应预先在烘箱内烘干后再灰化。消化（在敞开式容器中）：通常用烧杯、三角瓶等容器在电热板上加热消解，使用的酸有硝酸、硝酸＋高氯酸、硝酸＋硫酸、硝酸＋硫酸＋过氧化氢、硝酸＋硫酸＋过氧化氢等。硝酸与有机物的反应比较激烈，特别是干的有机物。一般要在加酸后在室温下放置一段时间，有时可放置过夜，待大部分有机物分解后再加热。

② 微波消解：微波消解也是一种在密封容器中消化试样的手段。它具有高压密封罐法所有的优点。由于微波的作用，微波消解法具有很强的消解能力，消解速度比高压密封罐法快得多。一般只需几分钟就能消化完全，几乎可以消化所有的有机物，是消化有机试样最为理想的手段，其应用日益广泛。

实验设备

生产厂家：日本日立公司。

型号：Z2010，如图16-1所示。

图16-1　Z2010原子吸收光谱仪

实验内容及步骤

1. 火焰篇

测定铜合金中 Cu 的含量。

① 检查主机，准备空心阴极灯／气体，空心阴极灯安装图如图 16-2 所示。

图 16-2　空心阴极灯安装图

② 打开 PC/ 主机电源，通风设备。

③ 启动原子吸收程序，双击桌面快捷方式 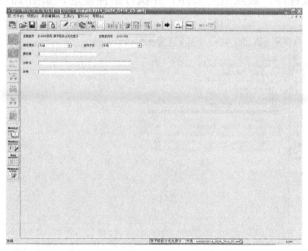。

④ 显示方法界面，如图 16-3 所示。

图 16-3　原子吸收光谱仪火焰分析界面图

⑤ 作成测定条件，并执行条件设定，如图 16-4 所示。

⑥ 打开冷却水，火焰点火。

⑦ 吸入 5min 超纯水后，执行自动调零。

⑧ 测定 STD 样品，根据样品建立标准工作曲线，分别为 0，1×10^{-6}，2.5×10^{-6}，5×10^{-6} 测定已溶未知样品。

⑨ 测定结束，保存结果，吸入 15min 超纯水后，熄灭火焰。

根据测定结果，计算合金中的含铜量。

⑩ 停止冷却水，结束原子吸收程序，关闭主机 /PC 电源，取下空心阴极灯，关闭气体，通风设备。

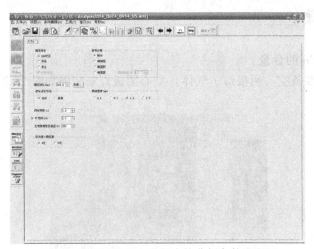

图 16-4　原子吸收光谱仪火焰分析条件设定图

2. 石墨炉篇

测定饮用水中 Cu 的含量。

① 检查主机，准备空心阴极灯 / 气体 / 石墨管。

② 打开 PC/ 主机电源，通风设备。

③ 启动原子吸收程序，做成测定条件，并执行条件设定，如图 16-5 所示。

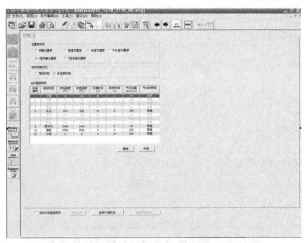

图 16-5　原子吸收光谱仪石墨炉分析界面图

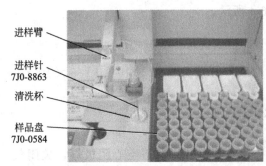

进样臂

进样针
7J0-8863

清洗杯

样品盘
7J0-0584

图 16-6　原子吸收光谱仪石墨炉样品放置图

④ 放置样品，打开冷却水，开始测定，如图 16-6 所示。

⑤ 测定 STD 样品、根据样品建立标准工作曲线，分别为 0，0.1×10^{-9}，0.25×10^{-9}，0.5×10^{-9} 测定未知样品。

⑥ 测定结束，保存结果。

⑦ 停止冷却水，结束原子吸收程序，关闭主机 /PC 电源，取下空心阴极灯，关闭气体、通风设备。

实验十七

电感耦合等离子体原子发射光谱法（ICP-AES）实验

实验目的

1. 了解 ICP 光谱仪的基本构造与测量原理。
2. 掌握 ICP 光谱分析样品的处理及要求。
3. 掌握 ICP 光谱仪分析的过程及步骤。

实验原理

等离子体（PLASMA），是由气体分子或原子受高热或原子、电子间产生激烈碰撞时，分裂呈阳电荷的离子及带阴电荷的高密度电子，此时该具有极高电子密度的离子化气体即为等离子体。

发射光谱介绍：每一个原子皆有一些电子运转的能阶轨域，而且离原子核愈远的能阶其能量愈大，当所有的电子皆在各自最靠近原子核的轨域上时称为此原子是在基态。但当此原子吸收了辐射能或与其他高能粒子相撞时，这个原子就会处于激发态。处于激发态的原子或离子有趋向于回复到基态的特性。在此一回复的过程中会伴随着能量释放产生发射光谱。

定量分析原理：样品发射光谱的强度由于元素浓度高低不同会有不同变化，由比尔原理测量已知含量的标准样品得到分析工作曲线，藉以来做定量分析。

ICP 的形成是通过电感耦合的方式使气体电离形成等离子体的过程，为了形成稳定的 ICP 焰炬，必须有三个条件，即高频电磁场、工作气体和能维持气体稳定放电的石英炬管。ICP 的主体是石英炬管，是由绕有感应线圈的三层石英管制成的同心结构，此感应线圈与高频发生器相连，高频发生器（$4 \sim 50 \text{MHz}$，功率 $1 \sim 10 \text{kW}$）通过感应线圈把能量耦合给等离子体。有三股惰性气体流（通常是氩气流）分别进入炬管。三股气流中，最外层气流称为等离子气流，其作用是把等离子体焰炬和石英管隔离开，以免烧坏石英炬管。由于它的冷却作用使等离子体的扩大受到抑制而被"箍缩"在外管内，从切向进气所产生的涡流使等离子焰炬保持稳定。中间管气流是点燃等离子体时通入的，称为辅助气流，形成等离子焰炬后可以关掉，在点燃时它有保护中心管口的作用。内管气流主要作用是在等离子中打通一条通道，并载带试样气溶胶进入等离子体，称为载气或进样气。由于在常温下气体是不导电的，高频能量不会在气体中产生感应电流，因而也就不会形成 ICP 炬。欲使气体变成导体，就必须设法使部分气体电离，通常采用热致电离和场致电离两种方法。

ICP 的工作原理和高频感应加热金属一样，在 ICP 中加热的是通过石英管的气体。当高频电流流过线圈时，就产生一个轴向高频磁场，用高频探漏器"点燃"，这时一些气体原子就会被电离，所产生的载流子（电子和离子）就在磁场作用下运动。它们与气体、其他原子碰撞时又会使之电离产生更多的载流子。当载流子多到足以使气体有足够的电导率时，在气流垂直于磁场方向的截面上就会产生一个闭合圆形路径的涡电流，这个涡流瞬间就会使气体形成高达 10000℃ 的高温稳定等离子。气流从切线方向送入最外层石英管内，使等离子体离开外层管内壁，既保护了石英管也参与了放电过程，中层管内的气流起到维持等离子体的作用，载气由中央注入管进入等离子体内。由于高频电泳的趋肤效应，等离子体内的电流密度在外围圆周上最大，在轴线上最小。当频率给定，载气流速超过一定值时，它就沿轴线穿透等离子体，产生一条暗的、温度较低的中央通道。试样由载气带入通道，被环状高温等离子体加热至 6000 ～ 7000℃，而被原子化、被激发。

实验仪器构造

一台电感耦合等离子体发射光谱分光仪包含了下列五个主要部分：样品导入系统；等离子体发生器；分光系统（光学系统）；信号处理系统；计算机系统。如图 17-1 所示。

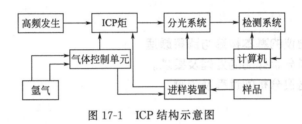

图 17-1　ICP 结构示意图

一、ICP 的优缺点

1. 优点

① 由于分析时是将溶液试样雾化，所以不管是酸性或碱性、水相或有机相都可以分析。

② 灵敏度高，精度好。

③ 化学干扰少。当试样通过温度高达 6000 ～ 7000℃ 的等离子体炬时，几乎全部原子化，化学干扰可忽略不计，故不必添加防干扰剂。

④ 线性范围广，可达 5 ～ 6 个数量级，适用于快速分析。

⑤ 稳定性高。

⑥ 可多元素同时分析。

2. 缺点

① 物理干扰因溶液试样的密度、黏度和表面张力不同，而使雾量不同，雾的粒径也有变化，使灵敏度下降。

② 光学干扰大，即背景噪声大。分光器不能分离的近邻线多。

③ 还有离子化干扰。

应用：ICP 等离子体发射光谱现已普及到冶金、地质、生化、农业、环保及石化等领域。

二、样品处理及要求

固体样品转化成液体样品过程中虽带来了问题，但溶液雾化法仍具有许多突出的优点，所以目前仍然为绝大多数 ICP 实验室所采用。

固体样品经化学方法处理成液体样品应注意以下几点：

称取的固体样品应该是按规定的要求加工的(如粉碎、分样等)，是均匀有代表性的。

样品中需要测定的被测元素应该完全溶入溶液中。设定一个合理、环节少、易于掌握、适用于处理大量样品的化学处理方法。

在应用化学方法处理时，根据需要可将被测元素进行富集分离，分离的目的是将干扰被测元素测定的基体及其他元素予以分离以提高测定准确度。必须考虑的前提是"被测元素必须富集完全，不能有损失，而分离的组分，不必分离十分干净。"

在整个处理过程中应避免样品的污染，包括固体样品的制备(碎样，过筛，分样)、实验室环境、试剂(水)质量、器皿等。

ICP-AES 需要考虑分析试液中总固体溶解量(TDS)，高的 TDS 将造成：基体效应干扰；谱线干扰和背景干扰；雾化系统及 ICP 炬的堵塞。

在常规分析工作中，分析试液的 TDS 希望愈低愈好，一般控制在 $1mg/mL$ 左右，在测定元素灵敏度满足的情况下，有时 TDS 控制在 $0.5\ mg/mL$ 以下。因此，ICP-AES 的样品处理在尽可能情况下采用酸分解而不用碱熔，稀释倍数为 1000 倍左右。

很多样品常压条件下不能为酸(湿法)所溶解，例如刚玉、铬铁矿、锆石等，这时就需要用碱熔(干法)，但碱熔时就要考虑到 TDS 与样品中被测元素含量的关系。采用密闭罐增压(湿法)溶样的方法，可以解决很大部分需用碱熔的样品的分解。

实验仪器

电感耦合等离子体原子发射光谱仪(ICP)。

生产厂家：法国 HORIBA Jobin Yvon 公司。

型号：ULTIMA2，如图 17-2 所示。

图 17-2　ULTIMA2 ICP 外观图

实验内容及步骤

测定纯锌中铁、砷、铅、锡、镉的含量。

① 打开排风设备，打开稳压电源，启动仪器电源开关。

② 打开氩气钢瓶开关(0.6MPa)，打开循环水。

③ 主机预热(17 ~ 20min)后，开电脑。

④ 建立方法和任务。

(a) 创建新的方法，点击 📇 。

(b) 选择元素和设定常规参数，如图 17-3 所示。

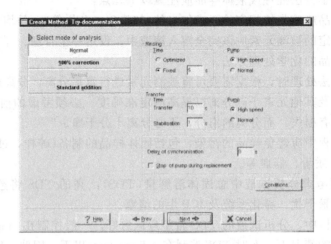

图 17-3　ICP 分析方法条件设定界面图

其中，谱线选择如下：

元素	波长 /nm	元素	波长 /nm
Cd	226.502	Pb	220.353
Fe	259.94	Sn	317.05
As	189.04		

（c）输入每个元素标液的浓度，建立标准，如图 17-4 所示。

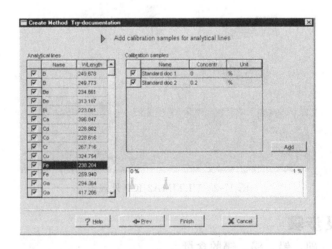

图 17-4　ICP 标液浓度设定界面图

　　（d）在编辑状态下，对测量方式进行修改，保存方法。

⑤ 开 RF 开关。

⑥ 点击 Control，冲洗 3 ～ 5min 后关掉。

⑦ 点击 Start 点火，稳定 15min 后开始测量，如图 17-5 所示。

⑧ 测试完成后，点击 Abort 结束程序，点击 Stop 关火。

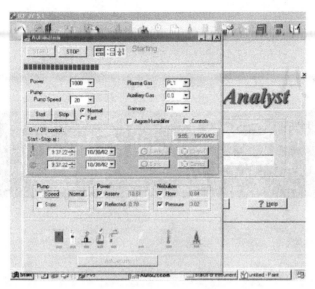

图 17-5　ICP 点火界面图

⑨ 再按 Control，冲洗 3min，保护炬管，10min 后关发生器，5min 后关闭排风扇，关电脑，主机。

⑩ 打开分析测试结果，保存数据并计算最终结果。

实验十八

红外光谱分析

实验目的

1. 了解红外光谱仪的工作原理和结构。
2. 掌握试样的处理与制备。
3. 掌握红外吸收光谱的测试和分析方法。

实验原理

红外光谱(infrared spectrometry，IR)又称为振动转动光谱，是一种分子吸收光谱。当分子受到红外光的辐射，产生振动能级(同时伴随转动能级)的跃迁，在振动(转动)时有偶极矩改变者就吸收红外光子，形成红外吸收光谱。红外光谱仪就是将待测物质对红外光的吸收情况，以波数 σ(或波长 λ)为横坐标，以透射比 T 为纵坐标，记录并绘制出 T-σ(或 λ)曲线，即红外吸收光谱或红外吸收曲线。用红外光谱法可进行物质的定性和定量分析(以定性分析为主)，从分子的特征吸收可以鉴定化合物的分子结构。

红外光谱仪的发展经历了三个阶段，分别为：

棱镜式色散型红外光谱仪(20 世纪 40 年代)，其缺点在于分辨率较低，测量范围限制在 $4000 \sim 400 \mathrm{cm}^{-1}$；

光栅型色散式红外光谱仪(20 世纪 60 年代)，光栅色散能力显著增加，提高了分辨率，测量范围扩展到 $200 \mathrm{cm}^{-1}$，且仪器对温度、湿度等条件要求也不苛刻，但其缺点在于：由于辐射光需要使用狭缝控制，再经过色散到达检测器的光已经很弱，用来研究吸收强度很弱的吸收谱带和痕量分析受到限制，其远红外能量更低，得不到满意的光谱；扫描速度很慢，使红外光谱用于动态过程的研究和与气相色谱联用遇到困难，限制了红外光谱的应用；

干涉型傅立叶变换红外光谱仪(20 世纪 70 年代)，傅立叶变换红外光谱仪(简称 FTIR)和其他类型红外光谱仪一样，都是用来获得物质红外吸收光谱，但测定原理有所不同。在傅立叶变换红外光谱仪中，首先是把光源发出的光经迈克尔逊干涉仪变成干涉光，再让干涉光照射品，经检测器获得干涉图，由计算机把干涉图进行傅立叶变换而得到吸收光谱。

20 世纪 90 年代，我国高校实验室内已开始使用傅立叶变换红外光谱仪(FTIR)。它主要由迈克尔逊干涉仪和计算机两部分组成。干涉仪将光源来的信号以干涉图的形式送往计算机进行傅立叶变换的数学处理，最后将干涉图还原成光谱图。

与普通红外光谱分析方法相比，傅立叶交换红外光谱显微分析技术作为显微样品和显微区分析，有以下特点。

（1）灵敏度高。检测限可达 10ng，几纳克样品能获得很好的红外光谱图。

（2）能进行微区分析。目前傅立叶变换红外光谱所配显微镜测量孔径可达 $8\mu m$ 或更小。在显微镜观察下，可方便地根据需要选择不同部位进行分析。

（3）样品制备简单。只需把待测样品放在显微镜样品台下，就可以进行红外光谱分析。对于体积较大或不透光样品，可在显微镜样品台上选择待分析部位，直接测定反射光谱。

（4）在分析过程中，能保持样品原有形态和晶型。测量后的样品，不需要重新处理，可直接用于其他分析。

实验样品制备

1. 液体试样

对于沸点较高且黏度较大的液体样品，取一滴样品直接涂在 KBr 窗片上进行测试；对于沸点较低的样品及黏度小、流动性较大的高沸点液体样品放在液体池中测试。液体池是由两片 KBr 窗片和能产生一定厚度的垫片所组成。注意含水液体必须选用 CaF 窗片。

2. 固体试样

卤化物压片法：最常用的基质是溴化钾，压成直径 13mm，厚度 0.5mm 的薄片，常用溴化钾与样品的比例为 100∶1（样品约 $1\sim2$ mg）。

3. 糊剂法

对于吸水性很强、有可能与溴化钾发生反应的样品采用制成糊剂的方法进行测量。取 2mg 样品与 1 滴石蜡油研磨后，涂在溴化钾窗片上测量。

4. 薄膜法

橡胶、油漆、聚合物的制样一般采用薄膜法，膜的厚度为 $10\sim30\mu m$，且厚薄均匀。常用的成膜法有 3 种。

熔融成膜：适用熔点低、熔融时不分解、不产生化学变化的样品。

热压成膜：适用热塑性聚合物，将样品放在模具中加热至软化点以上压成薄膜。

溶液成膜：适用可溶性聚合物，将样品溶于适当的溶剂中，滴在玻璃板上使溶剂挥发得到薄膜。

实验仪器

生产厂家：德国布鲁克公司。

规格型号：VERTEX70，如图 18-1 所示。

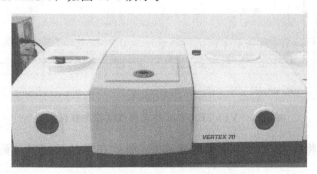

图 18-1　VERTEX70 红外光谱仪图

实验内容及步骤

对塑料薄膜进行红外分析。

① 按仪器后侧的电源开关，开启仪器，开始自检过程。

② 开启电脑，运行 OPUS 操作软件。检查电脑与仪器主机通讯是否正常。

③ 仪器稳定后根据实验要求，设置实验参数，如图 18-2 所示。

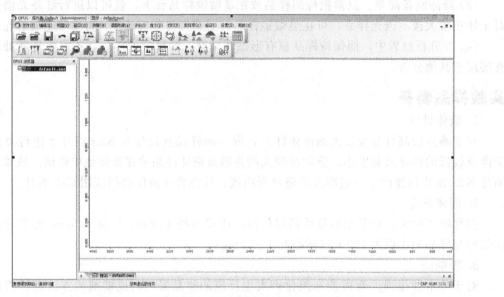

图 18-2   VERTEX70 红外光谱仪 OPUS 测试软件图

④ 根据样品选择背景，测量样品背景谱图，如图 18-3 所示。

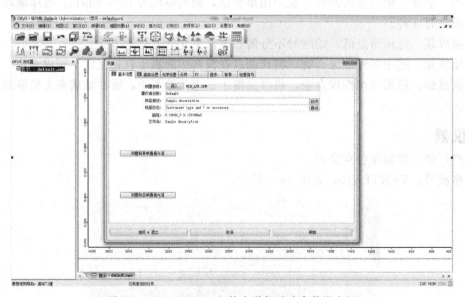

图 18-3   VERTEX70 红外光谱仪试验参数设定图

⑤ 准备样品，将样品放入样品室的光路中（如放在样品架或其他附件上），如图 18-4 所示。

⑥ 测量样品谱图，对谱图进行分析，如图 18-5 所示。

图 18-4　VERTEX70 红外光谱仪样品室图

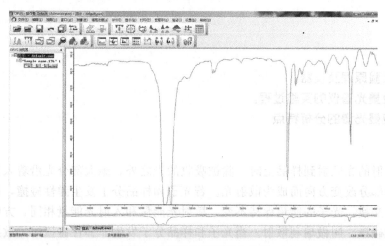

图 18-5　样品红外光谱分析图

红外光谱分析方法

解析红外吸收光谱通常需根据各类化合物的特征吸收带的位置、形状和强度，结合影响振动频率变化的因素，指认某谱带为何种官能团的何种振动形式产生，再结合其他相关峰，确定化合物所具有的官能团，这叫做官能团定性；在此基础上，进一步分析各种谱带的相互联系，结合其他性质或其他谱图所提供的信息，确定化合物的化学结构或立体结构，进行结构分析。

红外解析的一般程序是：首先必须了解样品的基本情况；了解样品谱图的测试方法；由化学分子式计算不饱和度；解释谱图中的特征峰和相关峰；提出化合物的可能结构。

对于复杂的化合物，很难仅仅由红外吸收光谱确定其结构，通常需要结合其他谱图进行综合解析，才能得到可靠的结论。

实验十九

拉曼光谱分析

实验目的

1. 了解实验原理及仪器。
2. 掌握拉曼光谱仪的实验过程。
3. 了解拉曼光谱的分析特点。

实验原理

当光源发射的光照射到样品上时，除被吸收的光之外，绝大部分光沿着入射方向穿过样品，只有极少部分改变方向而成为散射光。若光子和样品分子发生弹性碰撞，即光子和分子之间没有能量交换，光子的能量保持不变，散射光能量和入射光能量相同，方向发生改变，这种光的弹性碰撞，叫做瑞利散射。当光子和样品分子发生非弹性碰撞时，散射光能量和入射光能量大小不同，光的频率和方向都有所改变，这种光的散射成为拉曼（Raman）散射，其相对于入射光频率的改变量叫做拉曼位移。当用波长比试样粒径小得多的单色光照射气体、液体或透明试样时，大部分的光会按原来的方向透射，而一小部分则按不同的角度散射开来，产生散射光。在垂直方向观察时，除了与原入射光有相同频率的瑞利散射外，还有一系列对称分布着若干条很弱的与入射光频率发生位移的拉曼谱线，这种现象称为拉曼效应。由于拉曼谱线的数目，位移的大小，谱线的长度直接与试样分子振动或转动能级有关，因此，与红外吸收光谱类似，对拉曼光谱的研究也可以得到有关分子振动或转动的信息。

实验仪器构造

拉曼光谱仪一般由光源、外光路、色散系统、接收系统、信息处理与显示系统五部分组成，如图 19-1 所示。

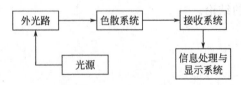

图 19-1　拉曼光谱仪结构图

1. 光源

它的功能是提供单色性好、功率大并且最好能多波长工作的入射光。目前拉曼光谱实验的光源已全部用激光器代替历史上使用的汞灯。对常规的拉曼光谱实验，常见的气体激光器基本上可以满足实验的需要。在某些拉曼光谱实验中要求入射光的强度稳定，这就要求激光器的输出功率稳定。

2. 外光路

外光路主要包括聚光、集光、样品架、滤光和偏振等部件。其主要功能是对光源发出的光进行聚焦后照射样品，并消除杂散射光及退偏光对测定的干扰。

3. 色散系统

色散系统的作用是使拉曼散射光按波长在空间分开，通常使用单色器（双光栅单色器或三光栅单色器）。

4. 接收系统

拉曼散射信号的接收类型分单通道和多通道接收两种。光电倍增管接收就是单通道接收。

5. 信息处理与显示

提取拉曼散射信息，常用的电子学处理方法是直流放大、选频和光子计数，然后用记录仪或计算机接口软件画出图谱。

实验仪器

生产厂家：美国热电。

型号：DXR，如图 19-2 所示。

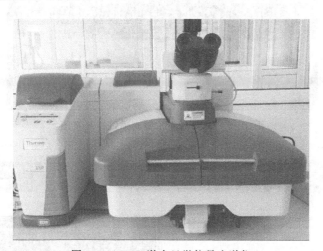

图 19-2　DXR 激光显微拉曼光谱仪

实验内容及步骤

采集标准物聚苯乙烯样品的拉曼图谱。

① 更换合适光栅、滤光片、激光器（532nm，633nm，780nm）。

② 依次打开稳压电源、样品台驱动、显微镜照明、DXR 主机、计算机及显示器电源。

③ 双击 OMINIC 快捷键图标，打开 OMINIC 窗口。

④ 打开激光预热完毕后，进行准直与仪器校正（每周做一次准直），如图 19-3 所示。

⑤ 手动放下平台，样品置于平台，通常换用 50×LWD 物镜，如图 19-4 所示。

⑥ 手动聚焦可在 Atlus＞Atlus show window 观察微调至图像清晰，选择合适位置，如图 19-5 所示。

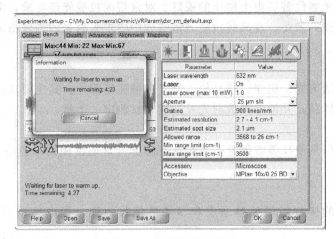

图 19-3　DXR 激光预热图

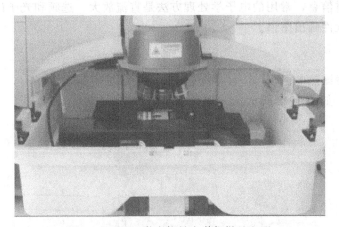

图 19-4　DXR 激光拉曼光谱仪样品室图

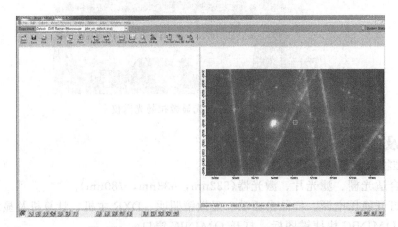

图 19-5　DXR Atlus show window 观察图像

⑦ 设置相应的合适参数，如图 19-6 所示。

⑧ 点 Collect ＞ Collect sample，采集单张光谱，保存并对谱图进行分析，如图 19-7 所示。

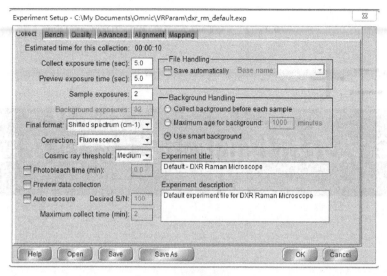

图 19-6　DXR 参数设置图

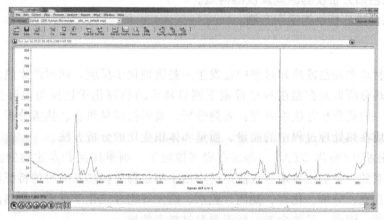

图 19-7　DXR 样品测试结果图谱

拉曼光谱分析特点和应用领域

对样品无接触，无损伤；快速分析，鉴别各种材料的特性与结构；能适合黑色和含水样品；高、低温及高压条件下测量；光谱成像快速、简便，分辨率高；仪器稳固，体积适中，维护成本低，使用简单，样品无需制备。

拉曼光谱已被应用于下述的许多领域之中：

① 高聚物研究；

② 材料表面和薄膜研究；

③ 有机化合物的定性和定量分析；

④ 无机化合物和配合物的结构分析；

⑤ 生物大分子研究；

⑥ 医学研究。

实验二十

综合热分析仪的构造、原理及应用

实验目的

1. 了解综合热分析仪的原理及仪器构造。
2. 学习综合热分析仪的使用方法。

实验原理

由于试样材料在加热或冷却过程中会发生一些物理化学反应，同时产生热效应和质量等方面的变化，热分析即是在温度程序控制下测量物质的物理化学性质与温度关系的一类技术。常用的单一的热分析方法主要有：差热分析、差示扫描量热法、热重分析、体积热分析等方法测定物质在热处理过程中的能量、质量和体积变化的分析方法。

（1）差热分析法（简称 DTA） 是指在程序控温下，测量样品和参比物的温度差与温度或者时间的关系的一种测试技术。该法广泛应用于测定物质在热反应时的特征温度及吸放热反应，如物质相变、分解、化合、凝固、脱水、蒸发等物理或化学反应。差热法已广泛应用于无机、硅酸盐、陶瓷、矿物金属、航天耐温材料等领域。

（2）差示扫描量热法（简称 DSC） 是指在程序控温下，测量样品和参比物热流功率差随温度或时间的关系的一种测试技术。该方法可获取样品在温度程序过程中的吸热、放热、比热变化等相关热效应信息。测试结果还可用来计算热效应的吸放热量（热焓）与起始点、峰值、终止点等特征温度，可以研究材料的熔融与结晶过程、玻璃化转变、相转变、液晶转变、固化、氧化稳定性、反应温度与反应热焓，测定物质的比热容、纯度，研究混合物各组分的相容性，计算结晶度、反应动力学参数等。DSC 方法已广泛应用于高分子、医药、食品、生物有机体、无机材料、金属材料与复合材料等各类领域。

（3）热重分析法（简称 TG） 是指在程序控温下，测量样品的质量随温度或时间的变化过程。该方法可获取失重比例、失重特征温度（起始点、峰值、终止点等）以及分解残留量等相关信息。TG 方法广泛应用于塑料、橡胶、涂料、药品、催化剂、无机材料、金属材料与复合材料等各领域。

（4）综合热分析（简称 STA） 将热重分析法与差示扫描量热法（或差热分析法）结合为一体，在同一次测量中利用同一样品可同步得到质量变化与吸放热相关信息，DSC/DTA 和 TG 的完全对应，有利于对样品进行综合分析。

实验仪器

德国耐驰生产的 STA 449F3 型综合热分析仪。

实验仪器构造

综合热分析仪由传感器、加热炉体、高精度天平、电子控制部分、软件及一系列的辅助设备构成。图 20-1 和图 20-2 分别为 Netzsch STA449F3 综合热分析仪及结构示意图。

STA449F3 保护气（protective gas），经天平室（balance system）、支架连接区而通入炉体，可以使天平处于稳定而干燥的工作环境，防止潮湿水气、热空气对流以及样品分解污染物对天平造成影响，通常使用高纯且惰性的 N_2 或 Ar。STA449F3 可同时连接两种不同的吹扫气类型（purge1，purge2），并根据需要在测量过程中自动切换或相互混合。常见的接法是其中一路连接 N_2 或 Ar 作为惰性吹扫气氛，应用于常规应用；另一路连接空气或氧气，作为氧化性气氛使用。在气体控制附件方面，可以配备传统的转子流量计、电磁阀，也可配备精度与自动化程度更高的质量流量计（MFC）。

图 20-1　Netzsch STA449F3 综合热分析仪

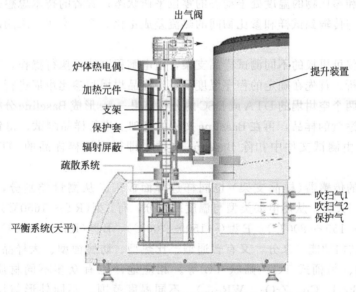

图 20-2　Netzsch STA449F3 综合热分析仪结构示意图

气体出口（gas outlet）位于仪器顶部，可以将载气与气态产物排放到大气中，也可使用加热的传输管线进一步连接 FTIR、QMS、GC-MS 等系统，将产物气体输送到这些仪器中进行成分检测。仪器的顶部装样结构与自然流畅的气路设计，使得载气流量小、产物气体浓度高、信号滞后小，非常有利于与这些系统相联用，进行逸出气体成分的有效分析。

仪器配备有恒温水浴，将炉体与天平两个部分相隔离，可以有效防止当炉体处于高温时热量传导到天平模块。再加上由下而上持续吹扫的保护气体防止了热空气对流造成的热量传递，以及样品支架（sample carrier）周围的防辐射片（radiation shields）隔离了高温环境下的热辐射因素，种种措施充分保证了高精度天平处于稳定的温度环境下，不受高温区的干扰，确保了热重信号的稳定性。

STA449F3 为真空密闭结构，可以外接真空泵（evacuating system），一方面可以进行抽真空与气体置换操作，能够有效保证惰性气氛的纯净性。另一方面还可在真空下进行测试，且真空段与气氛段可混合编程、自动切换。

加热炉体由发热体（heating element）、保护套管（protective tube）与炉体热电偶（furnace thermocouple）构成。由提升装置（hoisting device）进行炉体的升降操作。

综合热分析仪可配备各具特性的多种炉体，以满足不同的应用要求。用户可根据自己的测试温度范围及精度要求，进行自由选择。其中较常规的，有 SiC 炉（RT ～ 1550℃）、Pt 炉（RT ～ 1500℃）、Rh 炉（RT ～ 1650℃）、不锈钢炉（－150 ～ 1000℃）等。特殊类型（超高温或特殊测试条件）的，有石墨炉（RT ～ 2000℃）、钨炉（RT ～ 2400℃）、水蒸气炉（RT ～ 1250℃）、高速升温炉（最快线性升温速率 1500K/min）、腐蚀气氛炉、低温银炉等。

热重分析方法分为静法和动法。热重分析仪有热天平式和弹簧式两种基本类型。本实验采用的是热天平式动法热重分析。

当试样在热处理过程中，随温度变化有水分的排除或热分解等反应时放出气体，则在热天平上产生失重；当试样在热处理过程中，随温度变化有 Fe^{2+} 氧化成 Fe^{3+} 等氧化反应时，则在热天平上表现出增重。

示差扫描量热法（DSC），分为功率补偿式和热流式两种方法。前者的技术思想是，通过功率补偿使试样和参比物的温度处于动态的零位平衡状态；后者的技术思想是，要求试样和参比物的温度差与传输到试样和参比物间的热流差成正比关系。本实验采用的是热流式示差扫描量热法。

综合热分析仪可更换的不同测试样品支架，由电脑程序软件执行操作，来实现差热分析和示差扫描量分析。首先在确定的程序温度下，对样品坩埚和参比坩埚进行 DTA 或 DSC 空运行分析，得到两个空坩埚的 DTA 或 DSC 的分析结果 —— 形成 Baseline 分析文件；然后在样品坩埚中加入适量的样品，再在 Baseline 文件的基础上进行样品测试，得到样品＋坩埚的测试文件；最后由测试文件中扣除 Baseline 文件，即得到纯粹样品的 DTA 或 DSC 分析结果。

STA449F3 的传感器（样品支架）也同样选择面极广。从测量类别分，有 DSC/TG、DTA/TG、TG 三大类。从热电偶类型与温度范围分，有 S 型（RT ～ 1650℃）、P 型（－150 ～ 1000℃）、K 型（－150 ～ 800℃）、E 型（－150 ～ 700℃）、B 型（RT ～ 1800℃）、W 型（RT ～ 2400℃）等。从结构功能上来分，又有普通型、比热型、防腐蚀型、大样品量 TG、平台型 TG、悬挂式 TG、吊桶式 TG、筛状 TG 等。相应地，也有众多不同材质（Al_2O_3、Pt、Graphite、Al、Steel、Cu、ZrO_2、WRe…）、不同温度范围、不同外形与尺寸规格的坩埚可选。

此外，还有一些其他的可选附件，如 OTS 吸氧附件，能够确保炉腔内惰性气氛的完全纯净，防止样品氧化；又如湿度发生器、手套箱附件，等等。所有这些，都是为了适应客户千变万化的应用需求，提供客户最宽广而灵活的选择空间。

实验二十一

综合热分析实验

实验目的

1. 了解综合热分析实验的条件对实验结果的影响。
2. 掌握各测量模式的意义。
3. 掌握综合热分析实验的一般步骤。

操作条件

(1) 实验室门应轻开轻关，尽量避免或减少人员走动。

(2) 保护气体输出压力应调整为 0.05MPa，流速 $\leqslant$ 30mL/min，一般设定为 15mL/min。开机后，保护气体开关应始终为打开状态。

(3) 吹扫气体输出压力应调整为 0.05MPa，流速 $\leqslant$ 100mL/min，一般情况下为 20mL/min。

(4) 温水浴：恒温水浴是用来保证测量天平工作在一个恒定的温度下。一般情况下，恒温水浴的水温调整为至少比室温高出 2℃。

(5) 空泵：为了保证样品测试中不被氧化或与空气中的某种气体进行反应，需要真空泵对测量管腔进行反复抽真空并用惰性气体置换。一般置换两到三次即可。

样品准备

准备一个干净的空坩埚。STA449F3 最常使用氧化铝坩埚，有时也使用 Pt 坩埚。坩埚加盖与否视样品测试的需要而定，对于大部分的 TG-DSC 联用测试，一般坩埚加盖。(对于氧化铝坩埚，耐驰公司提供特殊的白金罩，可代替普通的氧化铝盖使用，以改善 DSC 基线) 根据样品的不同形态，对样品进行适当的制备，如使用美工刀从块状样品上切下小片，便于放入坩埚中，等等。

样品的称重可使用精度 0.01mg 以上的外部天平，或以 STA449F3 本身作为称重天平 (精度更高)。若使用外部天平称重，则先将空坩埚放在天平上称重，去皮(清零)，随后将样品加入坩埚中，称取样品重量。再将装有样品的坩埚放到 STA 传感器的样品位上，并在参比位放上一个空坩埚(坩埚材质、加盖情况与样品坩埚同)，作为参比。随后按按钮关闭炉体。

① 检查并保证测试样品及其分解物绝对不能与测量坩埚、支架、热电偶或吹扫气体发生反应。

② 为了保证测量精度，测量所用的坩埚(包括参比坩埚)必须预先进行热处理到等于或高于其最高测量温度。

③ 测试样品为粉末状、颗粒状、片状、块状、固体、液体均可，但需保证与测量坩埚底部接触良好，样品应适量，以便减小在测试中样品温度梯度，确保测量精度。

④ 对于热反应剧烈或在反应过程中易产生气泡的样品，应适当减少样品量。

除测试要求外，测量坩埚应加盖，以防反应物因反应剧烈溅出而污染仪器。

⑤ 用仪器内部天平进行称样时，炉子内部温度必须保持恒定(室温)，天平稳定后的读数才有效。

⑥ 测试必须保证样品温度(达到室温)及天平均稳定后才能开始。

实验步骤

1. 开机

打开恒温水浴、STA449F3主机与计算机电源。一般在水浴与热天平打开2～3h后，可以开始测试。如果配有低温系统，打开冷却控制器电源。打开 Proteus 软件。

2. 气体

确认测量所使用的吹扫气情况，并调节好压力、流量。

3. 基线测试(浮力效应修正，若已有原先做好的基线文件，可跳过此步骤)

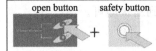

图 21-1　炉体和打开和关闭

(1) 放坩埚　准备一对重量相近的干净的空坩埚，分别作为参比坩埚与样品坩埚放到支架上。坩埚是否加盖视后面的样品测试需要而定。关闭炉体。炉体开关方法如图21-1所示。

(2) 新建测试　点击测量软件"文件"菜单下的"新建"，弹出测量设定对话框，如图21-2所示。

点右下角"下一步"进入"基本信息"界面，如图21-3所示；选择"修正"测量类型，输入样品名称、编号(圆点项目为必填项)；"选择"并打开温度校正/灵敏度校正文件(方框区域)；点"下一步"进入"温度程序"界面设定界面。

(3) 编辑设定温度程序　温度程序界面如图21-4所示。使用右侧的"温度段类别"列表与"增加"按钮逐个添加各温度段，并使用左侧的"工作条件"列表为各温度段设定相应的实验条件(如是否使用STC模式进行温度控制等)。已添加的温度段显示于上侧的列表中，如需编辑修改可直接鼠标点入，如需插入/删除可使用右侧的相应按钮。例如需要设定如下温度程序：25℃…10K/min，N_2…1500℃，则先将"开始温度"处改为25，将吹扫气2(假设接的是N_2)和保护气左侧打上勾，点击"增加"，"温度段类别"自动跳到"动态"，设定界面变为图21-5。在"终止温度"处输入1400，"升温速率"处输入10，采样速率可使用默认值，点击"增加"，再在"温度段类别"处选择"结束"，界面变为图21-6。

"紧急复位温度"与温控系统的自保护功能有关，指的是万一仪器发生故障温控系统失效，当前温度超出此复位温度时系统会自动停止加热。该值一般使用默认值(终止温度+10℃)即可。如果需要在测量后自动关闭某路气体，也可在相应的气体的"开启"处把打勾

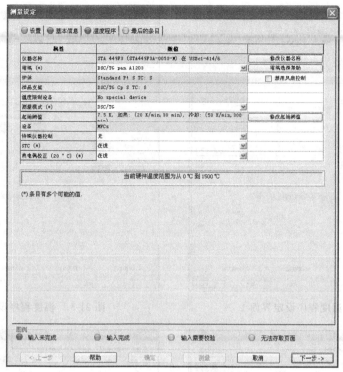

图 21-2　新建测试界面

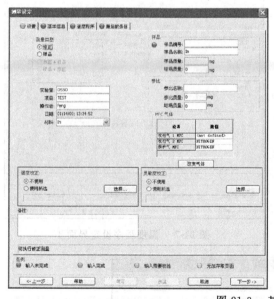

图 21-3　基本信息界面

去掉。随后点击"增加"，界面变为图 21-7。

此时温度程序的编辑已经完成，"结束等待"段一般不必设置。如果需要对上述设置进行修改，可直接在编辑界面上侧的温度程序列表中点入编辑；如果没有其他改动，可点击"下一步"，进入"最后的条目"对话框。

（4）设定测量文件名　在"设定测量文件名"对话框选择存盘路径，设定文件名（如图 21-8），点击"保存"，即会出现"最后的条目"对话框，如图 21-9 所示。

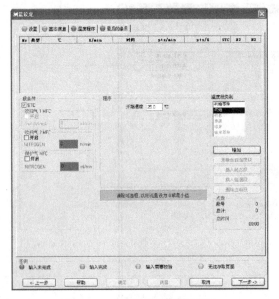

图 21-4　温度程序设定界面 1

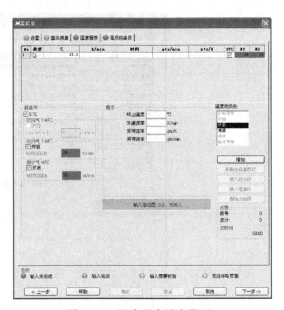

图 21-5　温度程序设定界面 2

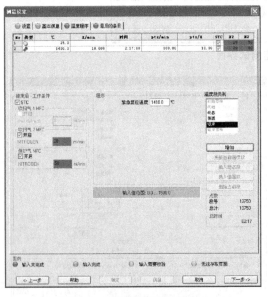

图 21-6　温度程序设定界面 3

图 21-7　温度程序设定界面 4

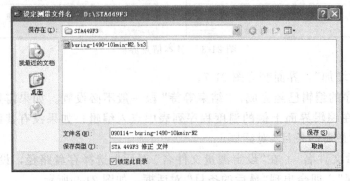

图 21-8　"设定测量文件名"对话框

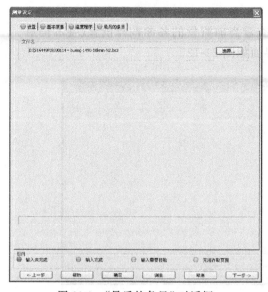

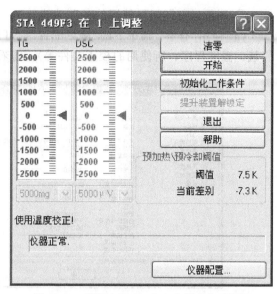

图 21-9 "最后的条目"对话框　　　　图 21-10 "STA449F3 在 1 上调整"对话框

点击"最后的条目"对话框"下一步"进入"STA449F3 在 1 上调整"对话框界面（如图 21-10）。点击"初始化工作条件"，软件将根据实验设置自动打开各路气体。

点击"清零"，对天平进行清零。随后观察仪器状态
（如图 21-11）满足如下条件：

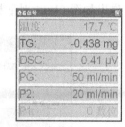

① 炉体温度与样品温度相近；

② 炉体温度（不使用 STC 情况下）或样品温度（使用
STC 情况下）与设定起始温度相吻合；

③ TG 信号稳定基本无漂移；

④ DSC 信号稳定。

图 21-11 信号查看窗口

满足以上 4 个条件即可点击"开始"开始测量。测量
界面如图 21-12。

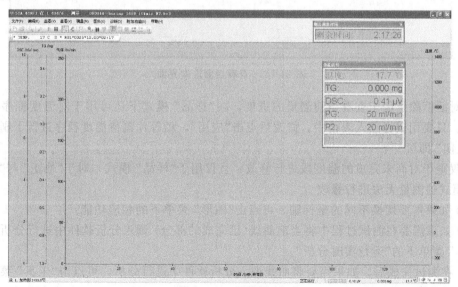

图 21-12 测量界面

⑤ 测量运行期间可使用的各项功能。

（a）使用"查看"菜单下的"测量配置"，可以查看当前测量的各参数与设置（基本信息、气氛、温度程序、所使用的校正文件等）。查看界面如图 21-13。

图 21-13　查看界面

（b）如果需要提前终止测试，可点击"测量"菜单下的"终止测量"。

（c）如果需要查看当前测量进度，可点击"测量"菜单下的"查看／编辑当前测量程序"，弹出如图 21-14 对话框。

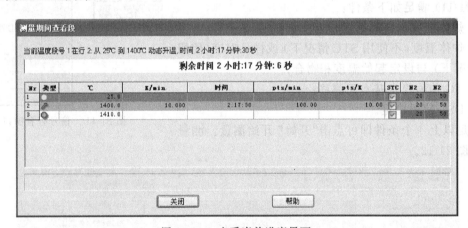

图 21-14　查看当前进度界面

该对话框除了用于查看当前测量的进度，在"样品"模式下还可用于对温度程序进行适当修改。只要用鼠标点入表格中，修改后点击"应用"，稍等片刻待温度程序进行了刷新，再点击"关闭"即可。

但仅限于对尚未完成的温度段进行修改，且仅用于"样品"模式，对于"修正"与"修正＋样品"模式的测量无法进行修改。

（d）如果需要切换不同的坐标轴，可点击"图形"菜单下的相应功能。

（e）如果需要在测试过程中将当前曲线（已完成的部分）调入分析软件中进行分析，可点击"工具"菜单下的"运行实时分析"。

（f）在测试完成后，如果需要将曲线调入分析软件中进行分析，可点击"工具"菜单下的"运行分析程序"。

4. 样品测试

基线测试完成后，可进行样品测试。

首先进行样品制备，先将空坩埚放在天平上称重，去皮（清零），随后将样品加入坩埚中，称取样品重量。

称重可使用外部天平，其精度至少应达到 0.01mg。也可使用 STA449F3 本身作为称重天平。将装有样品的坩埚放入炉体内，关闭炉体，点击"文件"菜单下的"打开"，打开修正模式做的基线文件，选择测量模式为"修正＋样品"，输入样品名称、编号与样品质量，点"选择"取文件名并保存（方框处），如图 21-15 所示。

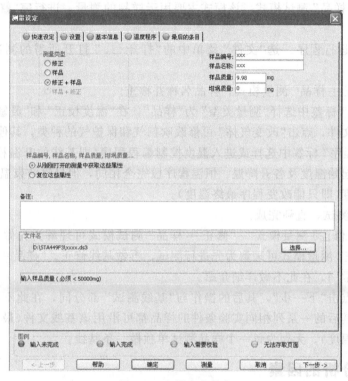

图 21-15　设定文件名

"测量类型"可选"样品""修正""修正＋样品""样品＋修正"模式。

(1)"样品"测试模式　该模式无基线校正功能。

进入测量运行程序。选"文件"菜单中的"新建"进入编程文件。

在"设置"标签中按要求选择相应的参数。

在"基本信息"标签中选择"测量类型"为"样品"，在"温度校正"和"灵敏度校正"选项中选择相应的校准文件，点击"改变气体"可修改吹扫气和保护气的种类，"样品质量"可通过"手动输入"（即实验室 0.01mg 天平测量）、"内部天平"、"测量开始之前"（需在"设置"/"称量方式"项选择），其他参数自定。使用热分析仪"内部天平"称重的方法如下：

① 点击"称重"进入称重窗口，待 TG 稳定后点击清零。

② 称重窗口中的"坩埚质量"栏中变为 0.000mg，且应稳定不变。否则应点击"重试"后再重新点击"清零"。

③ 再点击一次"清零"，称重窗口中的"样品质量"栏变为 0.000mg。

④ 把炉子打开，取出样品坩埚装入待测量样品。

⑤ 将样品坩埚放入样品支架上，关闭炉子。

⑥ 称重窗口中的"样品质量"栏中，将显示样品的实际重量。

⑦ 待重量值稳定后，按"保存"将样品重量存入。

⑧ 点击"确定"退出称重窗口。

在"温度程序"设置标签中可设置和修改升降温制度，包括起始温度、初始等待、动态、恒温、实验结束点、等待结束等过程，以及各过程中的气体种类和流量控制等。

在"最后的条目"标签中可设置数据保存的位置和文件名称，还可选择分析宏命令。

设置完成后，点击下一步按钮，可手动或初始等待到开始测量。

(2)"修正＋样品"测试模式　该模式主要用于样品的测量，进行完"修正"测量后，可用此方法。

① 进入测量运行程序。选"文件"菜单中的"打开..."打开所需的测试基线进入编程文件。

② 选择"修正＋样品"测量模式，样品名称并称重。

在"基本信息"标签中选择"测量类型"为"样品"，在"温度校正"和"灵敏度校正"选项中选择相应的校准文件，点击"改变气体"可修改吹扫气和保护气的种类，其他参数自定。

③ 在"温度程序"标签中选择或进入温度控制编程程序(即基线的升温程序)。应注意的是：样品测试的起始温度及各升降温、恒温程序段完全相同，但最终结束温度可以等于或低于基线的结束温度(即只能改变程序最终温度)。

④ 仪器开始测试，直到完成。

(3)"样品＋修正"测量模式　"修正＋样品"测试模式可理解为先做基线，再进行测试，"样品＋修正"测量模式可理解为先进行测试，再做基线修正。"样品＋修正"测量模式在实验测量中不常用，在此不做详细介绍。

设定完成后点击"下一步"，其后的操作与"基线测试"部分同，在此不再赘述。注：基线文件生成后，其后的一系列相同实验条件的样品都可沿用该基线文件(最后的结束温度可低于基线的结束温度)，无须为每一个样品测试单独做一条基线。

影响综合热分析的因素

1. 升温速率

升温速率显著影响热效应在 DSC 曲线和 DTA 曲线上的位置。不同的升温速率，DSC 曲线和 DTA 曲线的形态、特征及反应出现的温度范围不同。一般升温速率增加，热峰变得尖而窄，形态拉长，反应出现的温度滞后；所产生的热滞后现象，往往导致 TG 曲线上的起始温度和终止温度偏高，而且在曲线上呈现出的拐点不明显结果。升温速率降低时，热峰变得宽而矮，形态扁平，反应出现的温度超前；在升温速率较低的情况下可得到良好的 TG 曲线。

2. 样品

(1)颗粒度　粉末试样颗粒度的大小，对产生的热峰的温度范围和曲线形状有直接影响。一般来说，颗粒度愈大，热峰产生的温度愈高，范围愈宽，峰形趋于扁而宽。反之，热效应温度偏低，峰形尖而窄。粒度愈小，比表面积愈大，反应速率愈快，TG 曲线上的起始温度和终止温度降低，反应区间较小。试样颗粒度大往往得不到较好的 TG 曲线。一般样品粒度控制在 100 ~ 300 目。

(2)样品量　试样用量多时，试样内部形成的温度差大，当表面达到反应温度时，内部还需要经过一定的时间才能达到反应温度。一般而言，试样用量增加会使 TG 曲线向高温方向偏移；少量试样可得到较明显的热峰。通常 TG-DSC 试样用量为 15mg 左右，TG-DTA 试样用量为 80mg 左右。

3. 气氛

气氛对 TG、DSC 和 DTA 的测量有很大影响。

对反应放出气体的试样，气氛的组分对测试结果影响显著，例如：$CaCO_3$ 在真空、空气和 CO_2 三种不同气氛中测量 TG 曲线，有文献报道，其分解温度相差近 600℃。如果反应是可逆的分解反应，进行 TG 测量时，采用静态气氛不如采用动态气氛可获得重复性好的实验结果。

通常情况下人们比较注意气氛的惰性和氧化还原性，而常常忽视它对热峰和热熔值的影响，实际上气氛对 DSC 定量分析中的峰温和热熔值影响很大。例如：在氦气中所测定的起始温度和峰温都偏低；在氦气中所测定的热熔值只相当于其他气氛中的 40％。这是由于氦气的导热性强所导致的结果。

4. 坩埚材质

应选用对试样、中间产物、最终产物和气氛没有反应活性和催化活性的材质坩埚，不同试样最好选用不同的材质坩埚。对于碳酸钠一类碱性试样，不要选用铝、石英玻璃、陶瓷坩埚。有人发现，石英和陶瓷坩埚中的 SiO_2 与碳酸钠在 500℃ 左右发生反应生成硅酸钠和碳酸盐，致使碳酸钠的分解温度在石英和陶瓷坩埚中要比在白金坩埚中低。在使用白金坩埚时，要注意不能用于含磷、硫和卤素的高聚物试样。这是由于白金对许多有机物具有加氢或脱氢活性，同时含磷或硫的聚合物对白金坩埚有腐蚀作用。

实验二十二

综合热分析实验数据分析

实验目的

1. 理解 STA 实验数据的意义。
2. 掌握 STA 实验数据的分析方法。

分析软件

STA449F3 综合热分析仪测试结果用"Proteus Analysis"软件进行分析。本软件可对实验数据用数学方法进行处理，用户可从处理结果中进一步得出所需样品的相关数据。

分析步骤

以下以草酸钙样品的测试结果为例，讲解如何对 STA 的测量结果进行分析。

1. 打开测量文件

打开"STA449F3 on USBc 1"软件，点击"附加功能"/"运行分析程序"即可打开"Proteus Analysis"软件，点击"文件"/"打开"项，在分析软件中打开所需分析的测量文件，如图 22-1。

图 22-1 "打开测量文件"窗口

载入数据后的分析界面如图 22-2。

如果数据是以"样品＋修正"模式测量得到的话，调入分析软件后的曲线已自动经过基线扣除。

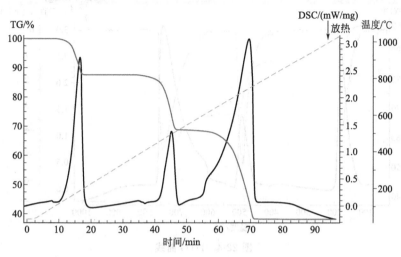

图 22-2 初始分析界面

2. 分析前处理

（1）切换时间／温度坐标 刚调入分析软件中的图谱默认的横坐标为时间坐标。对于动态升温测试一般习惯于在温度坐标下显示，可点击"设置"坐标下的"X-温度"或工具栏上的相应按钮将坐标切换为温度坐标，如图 22-3。

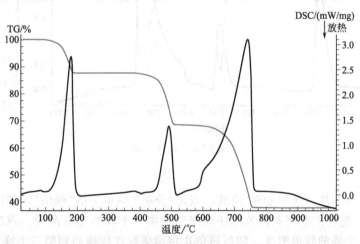

图 22-3 时间坐标转换为温度坐标

（2）DTG 曲线 选中 TG 曲线，点击"分析"菜单下的"一次微分"，调出 TG 的一次微分曲线（DTG 曲线），如图 22-4。

（3）平滑 选中 TG 曲线，点击"设置"菜单下的"平滑"项或工具栏上的相应按钮，分析界面平滑等级共分 16 级，等级越高，平滑程度越大，但须注意在高的平滑等级下曲线可能会稍有些变形。一般的平滑原则为在不扭曲曲线形状的前提下尽量地去除噪音、使曲线光滑一些。在左上角选择平滑等级，分析界面上将动态出现平滑后的效果与原曲线作对照，若对平滑效果满意，点击"确定"即可。TG 曲线平滑后，还可对 DTG 再进行进一步平滑。视需要也可对 DSC 曲线进行平滑，如图 22-5 所示。

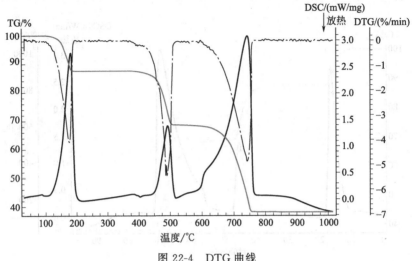

图 22-4　DTG 曲线

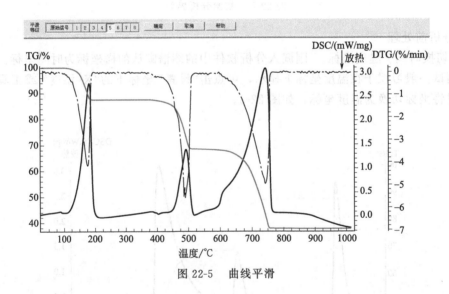

图 22-5　曲线平滑

3. 标注

（1）DSC 峰值标注　选中 DSC 曲线，点击"分析"菜单下的"峰值"，如图 22-6。图中共有三个 DSC 峰，先将左右两条黑色标注线拖动到第一个峰的左右两侧，点击"应用"，软件将自动标出第一个峰的峰值温度。随后再依次将两条标注线拖动到第二个峰与第三个峰的左右两侧并点击"应用"，最后点击"确定"，即完成了三个 DSC 峰的峰值标注，如图 22-7。

（2）DSC 峰面积标注　选中 DSC 曲线，点击"分析"菜单下的"面积"，如图 22-8。图中共有三个 DSC 峰，先将标注线拖动到第一个峰的左右两侧，在"基线类型"中选择合适的基线类型（此处选择"线性"），点击"应用"，如图 22-9。在 mW/mg 坐标下峰面积的单位为 J/g（每克样品吸收或释放多大的热量），是以 DSC 转换后的 mW 信号对时间的积分再除以样品质量得到的（mW·s/mg）。但因为在测试中样品质量随温度而变化，需要确定计算所使用

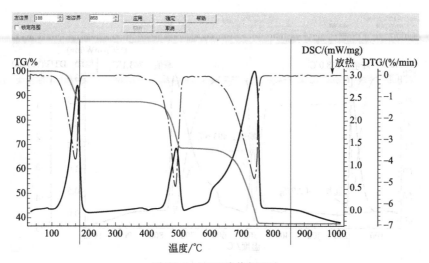

图 22-6　DSC 峰值标注 1

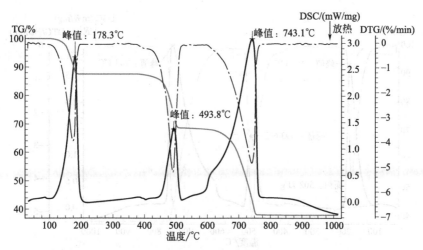

图 22-7　DSC 峰值标注 2

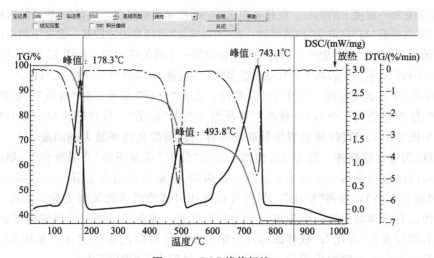

图 22-8　DSC 峰值标注 3

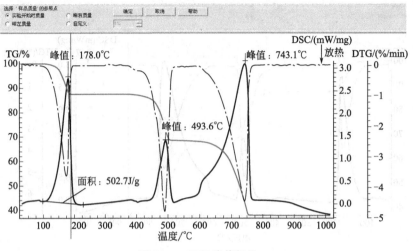

图 22-9　DSC 峰值标注 4

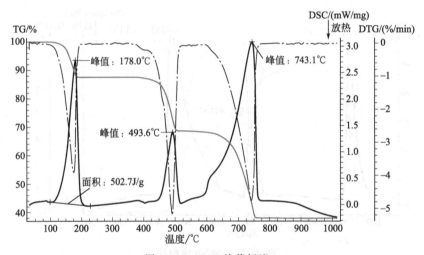

图 22-10　DSC 峰值标注 5

的样品质量是在哪一温度下的质量。在此处即选择样品质量的参照点，共有"实验开始时质量"、"峰左质量"、"峰右质量"与"自定义"四项可选，其中"自定义"可任意设定取某一温度下的质量。此处选择"实验开始时质量"，点击"确定"，软件即自动标出第一个峰的峰面积，如图 22-10。同理再标出第二个与第三个峰的面积。但后两个峰在取质量参照点时需选"峰左质量"，如图 22-11。

（3）DTG 峰值温度标注　选中 DTG 曲线，点击"分析"菜单下的"峰值"，如图 22-12 将两根标注线依次拖动到三个 DTG 峰的左右两侧并点击"应用"，软件标注出三个 DTG 峰的峰值温度，如图 22-13。DTG 峰值温度反映的是样品质量变化速率最大的温度。

（4）TG 失重台阶标注　选中 TG 曲线，点击"分析"菜单下的"质量变化"，如图 22-14。先将两条标注线拖动到第一个失重台阶的左右两侧（失重台阶的左边界与右边界可参考相应的 DTG 峰进行判断），点击"应用"，软件自动标注出该范围内的质量变化，如图 22-15。此时左边界线已自动移动到第一个失重台阶的右边界处，现在只需把右边界线拖动到第二个失重台阶的右侧并点击"应用"，软件即标注出第二个失重台阶的质量变化，如图 22-16。同理再标注出第三个失重台阶的失重比，如图 22-17。最后点击"确定"退出。

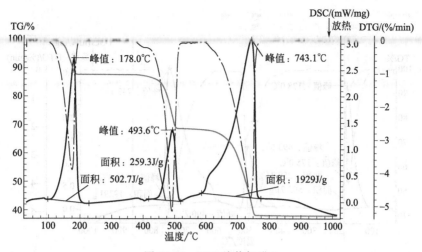

图 22-11　DSC 峰值标注 6

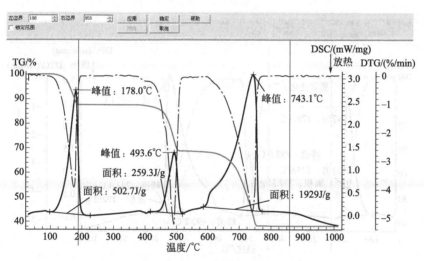

图 22-12　DTG 峰值标注 1

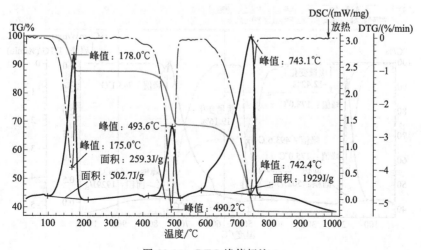

图 22-13　DTG 峰值标注 2

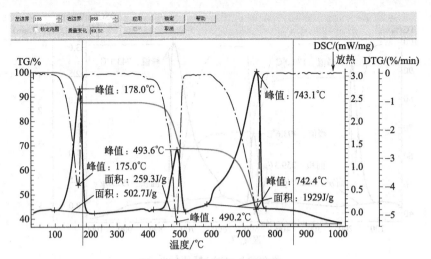

图 22-14　TG 失重台阶标注 1

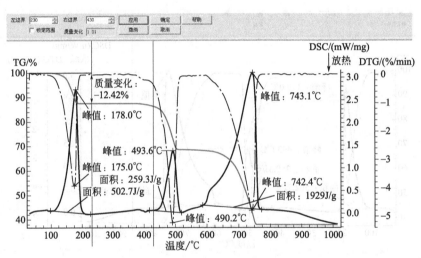

图 22-15　TG 失重台阶标注 2

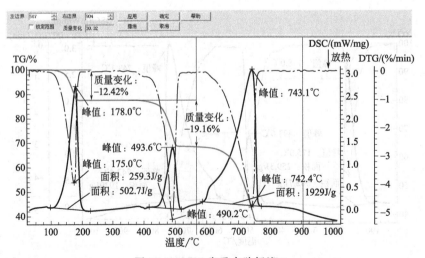

图 22-16　TG 失重台阶标注 3

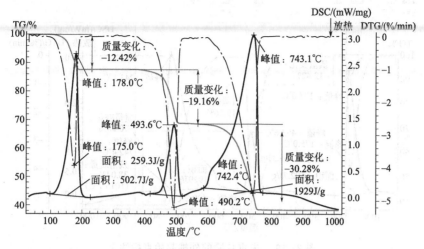

图 22-17　TG 失重台阶标注 4

（5）残余质量标注　选中 TG 曲线，点击"分析"菜单下的"残留质量"，软件自动标注出在终止温度处样品的分解残余量，如图 22-18。

（6）失重台阶的外推起始点标注　选中 TG 曲线，点击"分析"菜单下的"起始点"，如图 22-19。参考 DTG 曲线，将左边的标注线拖动到失重峰左侧曲线平的地方，右边的标注线拖动到峰的右侧，点击"应用"，软件即自动标注出失重的外推起始点，如图 22-20，点击"确定"退出即可。同理再标出后两个失重台阶的起始温度，如图 22-21，最后点击"确定"退出。失重台阶的外推起始点可定性地作为失重起始温度（样品热稳定性）的表征。

视应用需要，还可以对失重台阶的终止点进行标注（使用"分析"菜单下的"终止点"功能项），操作方法类似。

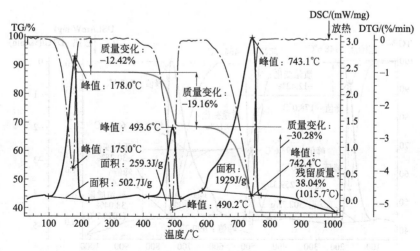

图 22-18　残余质量标注

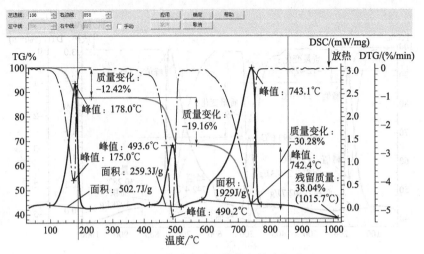

图 22-19　失重台阶的外推起始点标注 1

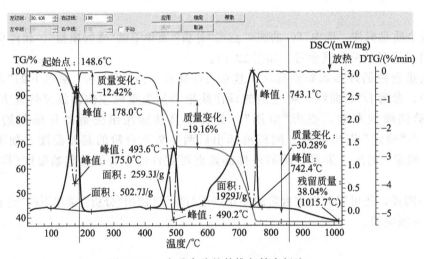

图 22-20　失重台阶的外推起始点标注 2

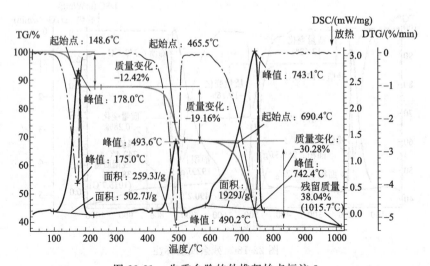

图 22-21　失重台阶的外推起始点标注 3

4. 分析后处理

（1）坐标范围调整 因同步热分析图谱上的曲线较多，标注也较为繁杂，如果需要的话，可以将曲线的纵坐标范围作适当调整，使相互重叠的曲线、标注等分开，使图谱更加美观一些。方法是使用"范围"菜单下的相应坐标调整功能项。如例中可考虑将 TG 曲线的位置适当调高些，选中 TG 曲线，点击"范围"菜单下的"Y-TG"或工具栏上的相应按钮，如图 22-22。图中出现了两条黑色边界线，其中上边界线为未来调整后的画面的上边界（纵坐标最大值），下边界线为未来调整后的画面的下边界（纵坐标最小值），上下黑线之间的区间代表了调整后的画面的显示范围。可以用鼠标拖动两条边界线来选择显示范围，也可在"最小值"与"最大值"输入框中输入相应的值来调整。例中在"最小值"中输入"−20"，"最大值"中输入"120"，点击"确定"，如图 22-23。此时 TG 曲线的坐标范围被修改为 −20% ～ 120%，视觉效果上红色的 TG 曲线被移到了画面靠上的区域。

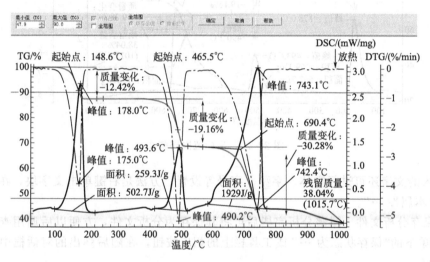

图 22-22　坐标范围调整 1

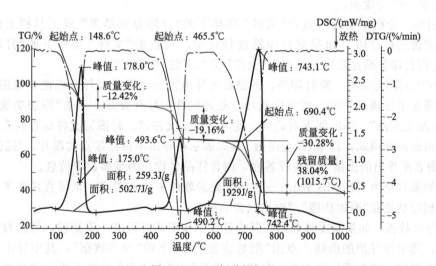

图 22-23　坐标范围调整 2

　　用同样的方法依次选中 DTG 曲线与 DSC 曲线进行纵坐标范围调整，最终得到的效果如图 22-24。三条曲线在视觉效果上得到了有效的分离。

　　（2）插入文字　上述操作完成以后，如果还需要在图谱上插入一些样品名称、测试条件等说明性文字，可以点击"插入"菜单下的"文本"或工具栏上的相应按钮，在分析界面上插入文字（文字的多行书写使用"Shift-Enter"进行换行）。

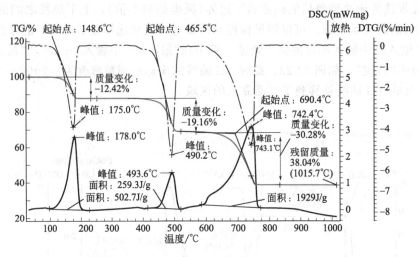

图 22-24　坐标范围调整 3

　　对插入的文字还可进行字体、字型、字号等设置，方法是右键单击文字块，在弹出菜单中选择"文本属性 …"。

　　（3）保存分析文件　图谱分析完毕后可将其保存为分析文件，方便以后调用查看。点击"文件"菜单下的"保存状态为 …"或工具栏上的相应按钮，在随后弹出的对话框中设定文件名进行保存。

　　注：存盘分析文件后缀名为 ∗.ngb，打开时不使用"文件"菜单下的"打开"，而是使用"恢复状态从 …"功能项。

　　（4）打印　分析结束后，点击"文件"菜单下的"打印分析结果"或工具栏上的相应按钮，可对图谱进行打印。如需对打印机进行设定，可点击"文件"菜单下的"打印机设置…"。如需在打印前预览效果，可点击"文件"菜单下的"打印预览"。

　　（5）导出到图元文件　除打印外，图谱也可导出为 emf 图片文件，以便于使用 email 发送、插入到文字处理软件中，或日后在图片处理软件中打开查看。点击"附加功能"菜单下的"导出为图元文件"，弹出如下对话框，此时可设定文件名，将图元文件保存在合适的文件夹下。导出分两种模式，其中"只有图谱"模式表示将导出不带标签盒的图片，"图谱＋标签盒"模式则表示导出的图谱下面有标签盒，内含样品名称、测量参数等信息。

　　注：如果只是为了在 MS Word 一类的字处理软件中插入图谱，也可直接将图谱导出到剪贴板，相应功能在"附加功能"/"输出到剪贴板"。

　　（6）导出数据　如果需要将数据在其他软件中作图或进行进一步处理，可把数据以文本格式导出。选中待导出的曲线，点击"附加功能"菜单下的"导出数据"，其中导出范围可通过拖动两条黑线、或在操作界面左上角的"左边界"与"右边界"中输入相应的数值来调整。导出步长（即每隔多少时间／温度导出一个点）可在"步长"一栏中进行设定。如果需要同时导出 DSC、TG 与 DTG 曲线，可在"信号"处的"全选"上打勾。如果需要对导出格式进行设定，可点击"改变 …"按钮，在该对话框中可对导出格式进行一些设置（其中 CSV 为 Microsoft Excel 文件格式的一种）。

　　在全部设置完成后可点击"保存"按钮，软件自动将本次设置记忆为"最近使用"的设置，方便下一次类似的数据导出。随后点击"输出"，设定存盘路径与文件名后，点击"保存"即可。

实验二十三

热分析仪-质谱仪-红外光谱仪联用实验

实验目的

1. 了解质谱仪的原理。
2. 掌握热质红联用的意义和实验方法。

实验原理

质谱仪(MS)能用高能电子流等轰击样品分子，使该分子失去电子变为带正电荷的分子离子和碎片离子。这些不同离子具有不同的质量，质量不同的离子在磁场的作用下到达检测器的时间不同，其结果为质谱图。

质谱仪以离子源、质量分析器和离子检测器为核心。离子源是使试样分子在高真空条件下离子化的装置。电离后的分子因接受了过多的能量会进一步碎裂成较小质量的多种碎片离子和中性粒子。它们在加速电场作用下获取具有相同能量的平均动能而进入质量分析器。质量分析器是将同时进入其中的不同质量的离子，按质荷比 m/e 大小分离的装置。分离后的离子依次进入离子检测器，采集放大离子信号，经计算机处理，绘制成质谱图。离子源、质量分析器和离子检测器都各有多种类型。质谱仪按应用范围分为同位素质谱仪、无机质谱仪和有机质谱仪；按分辨本领分为高分辨、中分辨和低分辨质谱仪；按工作原理分为静态仪器和动态仪器。

在质谱的使用过程中，一般为 STA(TG)-MS 联用、STA(TG)-IR 联用或 STA(TG)-MS-IR 联用，关于 STA 和 IR 的操作部分在其他章节已有介绍，在本文档中将不再赘述。

实验仪器

耐驰 STA 449F3 综合热分析仪，耐驰 AMS403C 型质谱仪，布鲁克 VERTEX70 型红外光谱仪。如图 23-1 所示。

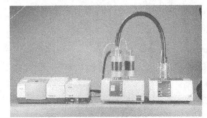

图 23-1　综合热分析仪 - 质谱仪 - 红外光谱仪联用

实验步骤

1. 连接装置

将 STA 气体出口用专用管线分别与 IR 的 TGA-IR 和 MS 连接。

2. 开机

打开 STA 和 IR 及相关附件电源，并进行相关设置，同时打开质谱的开关以及控温器的开关，一般将温度设置为 200℃（分别为 Adapterhead 适配器温度、Transferline 传输线温度、Inlet system 出口系统）。

将样品放入 STA 中，编辑好程序（详细过程见相关章节），进入准备开始状态。IR 参数设置见相关章节。

3. MS 参数设置

（1）打开质谱软件，点击"Parset"，进行参数设置，如图 23-2 所示。

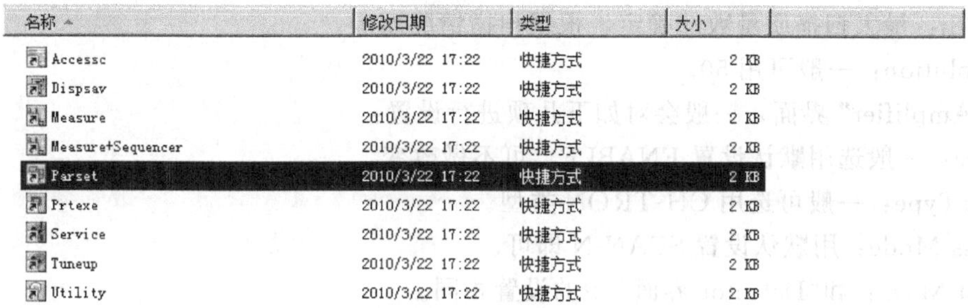

名称 ∧	修改日期	类型	大小	
Accessc	2010/3/22 17:22	快捷方式	2 KB	
Dispsav	2010/3/22 17:22	快捷方式	2 KB	
Measure	2010/3/22 17:22	快捷方式	2 KB	
Measure+Sequencer	2010/3/22 17:22	快捷方式	2 KB	
Parset	2010/3/22 17:22	快捷方式	2 KB	
Prtexe	2010/3/22 17:22	快捷方式	2 KB	
Service	2010/3/22 17:22	快捷方式	2 KB	
Tuneup	2010/3/22 17:22	快捷方式	2 KB	
Utility	2010/3/22 17:22	快捷方式	2 KB	

图 23-2　参数设置

（2）继续点击"Measure"菜单，选择不同进行参数设置。

在 MS 测试中，一般有三种模式可选，分别为 Scan Analog 模拟扫描、Scan Bargraph 柱状图扫描、MID 实时跟踪三种模式。

Scan Analog 模式：对一段范围内的 m/z 进行扫描。

Scan Bargraph 模式：对一段范围内的 m/z 进行扫描。

MID 模式：知道确切的几种 m/z 碎片的情况下，进行针对性的检测。

① Scan Analog 模式参数设置。点击"Measure"菜单，选择"Scan Analog"，弹出 Scan Analog 参数设置界面，如图 23-3。

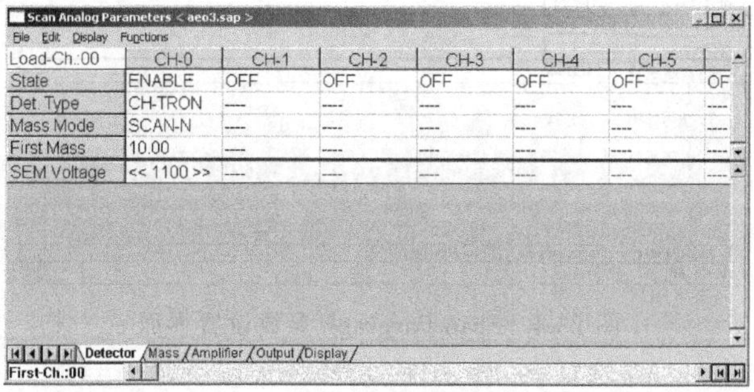

图 23-3　Scan Analog 参数设置界面

在"Detector"界面，一般会对如下几项进行设置：

State：一般选用默认设置 ENABLE，可不做改变。

Det. Type：一般可选用 CH-TRON 类型。检测器类型有 CH-TRON 和 Farady 两种类型，相对来说 CH-TRON 的检测灵敏度会更高一些。

Mass Mode：用默认设置 SCAN-N 即可。

First Mass：起始扫描质量数，可根据样品逸出气体情况而定，或者直接设为"1"，从最小开始扫描。

SEM Voltage：一般选用默认的"1100"即可，可不做改变。

在"Mass"界面，一般会对如下几项进行设置：

State：一般选用默认设置 ENABLE，可不做改变。

Det. Type：一般可选用 CH-TRON 类型。

Mass Mode：用默认设置 SCAN-N 即可。

First Mass：和"Detector 界面"中的设置相同。

Speed：可根据扫描情况进行调节，一般设置在 0.2s 即可。

Width：最大扫描质量数的确定，根据扫描情况而定。

Resolution：一般可用 50。

在"Amplifier"界面，一般会对如下几项进行设置：

State：一般选用默认设置 ENABLE，可不做改变。

Det. Type：一般可选用 CH-TRON 类型。

Mass Mode：用默认设置 SCAN-N 即可。

First Mass：和"Detector 界面"中的设置相同。

Amp. Mode：有 FIX、AUTO D、AUTO 三种模式可选。

Amp. Range：当 Amp. Mode 选用 FIX 模式时，该项可调，建议可调至最小值 E^{-11}。

Range-L：当 Amp. Mode 选用 AUTO D 模式时，该项可调，建议可调至最小值 E^{-11}。

Pause-Cal：可用默认值 1.0。

Offset：选用默认状态 ON。

在"OUTPUT"和"DISPLAY"界面，可直接延用默认设置即可。

② Scan Bargraph 模式参数设置。点击"Measure"菜单，选择"Scan Bargraph"弹出 Scan Bargraph 参数设置界面，如图 23-4。

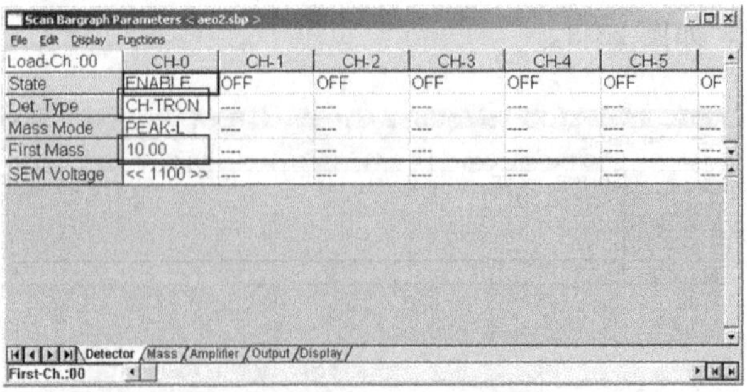

Load-Ch :00	CH-0	CH-1	CH-2	CH-3	CH-4	CH-5
State	ENABLE	OFF	OFF	OFF	OFF	OFF	OF
Det. Type	CH-TRON	----	----	----	----	----
Mass Mode	PEAK-L	----	----	----	----	----
First Mass	10.00	----	----	----	----	----
SEM Voltage	<< 1100 >>	----	----	----	----	----

图 23-4　Scan Bargraph 参数设置界面

在"Detector"界面，一般会对如下几项进行设置：

State：一般选用默认设置 ENABLE，可不做改变。

Det. Type：一般可选用 CH-TRON 类型。

Mass Mode：用默认设置 PEAK-L 即可。

First Mass：起始扫描质量数，可根据样品逸出气体情况而定，或者直接设为"1"，从最小开始扫描。

SEM Voltage：一般选用默认的"1100"即可，可不做改变。

在"Mass"界面，一般会对如下几项进行设置：

State：一般选用默认设置 ENABLE，可不做改变。

Det. Type：一般可选用 CH-TRON 类型。

Mass Mode：用默认设置 PEAK-L 即可。

First Mass：和"Detector 界面"中的设置相同。

Speed：可根据扫描情况进行调节，一般设置在 0.2s 即可。

Width：最大扫描质量数的确定，根据扫描情况而定。

Threshhold：建议可选择 E^{-13} 或者更小，视逸出气体情况而定。

在"Amplifier"界面，一般会对如下几项进行设置：

State：一般选用默认设置 ENABLE，可不做改变。

Det. Type：一般可选用 CH-TRON 类型。

Mass Mode：用默认设置 PEAK-L 即可。

First Mass：和"Detector 界面"中的设置相同。

Amp. Mode：有 FIX、AUTO D、AUTO 三种模式可选。

Amp. Range：当 Amp. Mode 选用 FIX 模式时，该项可调，建议可调至最小值 E^{-11}。

Range-L：当 Amp. Mode 选用 AUTO D 模式时，该项可调，建议可调至最小值 E^{-11}。

Pause-Cal：可用默认值 1.0。

Offset：选用默认状态 ON。

在"OUTPUT"和"DISPLAY"界面，可直接延用默认设置即可。

③ MID 模式参数设置。点击"Measure"菜单，选择"MID"，弹出 MID 参数设置界面，如图 23-5。

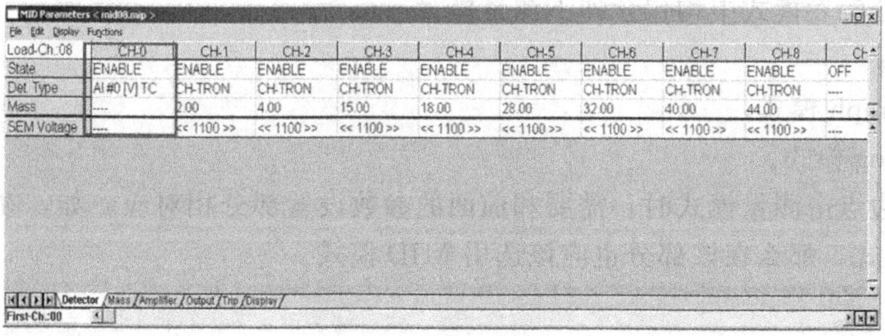

图 23-5　MID 参数设置界面

CH-0 通道，不做任何设置。

在"Detector"界面，一般会对如下几项进行设置：

State：一般选用默认设置 ENABLE，可不做改变。

Det. Type：一般可选用 CH-TRON 类型。

Mass：根据需要输入确切的质核比值。

SEM Voltage：一般选用默认的"1100"即可，可不做改变。

在"Mass"界面，一般会对如下几项进行设置：

State：一般选用默认设置 ENABLE，可不做改变。

Det. Type：一般可选用 CH-TRON 类型。

Mass：根据需要输入确切的质核比值。

Dwell：一般选用默认 50ms 即可。

Resolution：一般用默认 50 即可。

在"Amplifier"界面，一般会对如下几项进行设置：

State：一般选用默认设置 ENABLE，可不做改变。

Det. Type：一般可选用 CH-TRON 类型。

Mass：根据需要输入确切的质核比值。

Amp. Mode：有 FIX、AUTO D、AUTO 三种模式可选。

Amp. Range：当 Amp. Mode 选用 FIX 模式时，该项可调，建议可调至最小值 E^{-11}。

Range-L：当 Amp. Mode 选用 AUTO D 模式时，该项可调，建议可调至最小值 E^{-11}。

Pause-Cal：可用默认值 1.0。

Offset：选用默认状态 ON。

4. 保存参数文件

设置好参数文件后，点击 File-Save as 进行保存操作。

5. 打开质谱测量部分

点击质谱软件中"Measure＋Sequencer"，得到图 23-6。质谱将对整个仪器系统进行真空度的扫描，当真空度显示为 $\leqslant 10^{-05}$ mbar 数量级，表示真空度正常。软件系统会自动由上个页面跳转至 NETZSCH AEOLOS MAIN MENU 窗口，如图 23-7。

窗口中 FAST SCB trigg 表示快速 SCB 触发模式，FAST MID trigg 表示快速 MID 触发模式；页面中常规运行，分为两部分：Triggered runs(自动触发运行) 和 Untriggered runs(手动触发运行)。采用 Triggered runs 方式设定好相关内容后，质谱会处在准备好的等待运行状态，对应的 TG/STA 部分一旦开始运行，质谱会即时的一同运行，进入到测试状态。采用 Untriggered 方式设定好相关内容后，质谱会直接进入到运行状态进行测试。

上述两部分触发模式中均包含如下测量模式：

MID 模式；

Scan Bargraph 模式；

Scan Anolog 模式。

注：在这边点击测量模式时，需要和前面的参数设置部分相对应，如：在参数设置部分选用的 MID 模式，那么在该部分也应该选用 MID 模式。

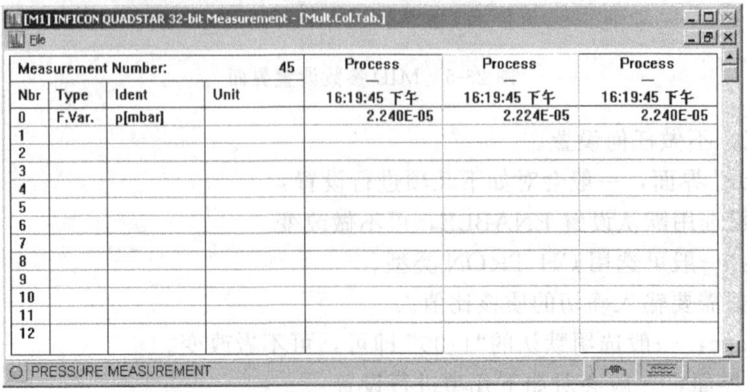

图 23-6 PRESSURE MEASU REMENT 窗口

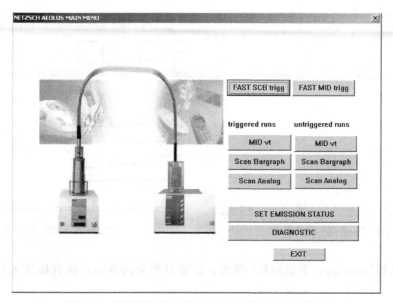

图 23-7　NETZSCH AEOLOS MAIN MENU 窗口

点击"Triggered runs"下面的"Scan Bargraph"。

第一步：选择参数文件。将之前设好并保存的参数文件链接进来。

第二步：保存质谱数据文件。选择相应路径，测试结束后，质谱数据原始文件将保存在该路径下。

点击"Continue"，如图 23-8。

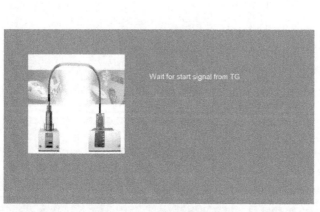

图 23-8　信号等待界面

在弹出窗口中"Wait for start signal from TG"字样一直处在闪动的状态，表示正常；如出现"Wait for start signal from instrument"，会出现不能和 TG/STA 同步触发的情况，此时，请检查仪器背后的 I/O 质谱数据线是否连接好。

与 TG/STA 同时触发后，进入到测试状态，界面（Bargraph 模式）如图 23-9；如果设置的是"MID 模式"，界面则如图 23-10。

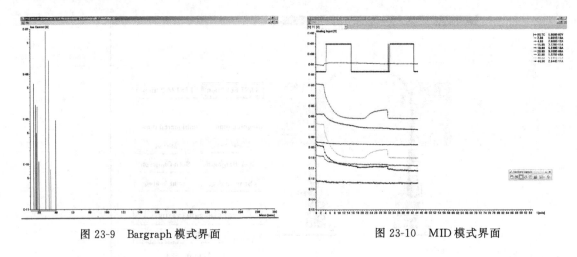

图 23-9　Bargraph 模式界面　　　　　　　　图 23-10　MID 模式界面

　　如果在选择"untrigger 手动触发"模式，设置好相关内容后，则直接进入到质谱的测试界面。

实验二十四

高温淬火相变仪操作方法

实验目的

1. 了解高温相变规律。
2. 熟悉高温淬火相变仪的操作并绘制 CCT 曲线。

实验原理

当材料在加热或冷却过程中发生相变时，若高温组织及其转变产物具有不同的比容和膨胀系数，则由于相变引起的体积效应叠加在膨胀曲线上，破坏了膨胀量与温度间的线性关系，从而可以根据膨胀曲线上所显示的变化点来确定相变温度。这种根据试样长度的变化研究材料内部组织的变化规律称为热膨胀法。长期以来，热膨胀法已成为材料研究中常用的方法之一。通过膨胀曲线分析，可以测定相变温度和相变动力学曲线。

钢的密度与热处理所得到的显微组织有关。

钢中膨胀系数由大到小的顺序为：奥氏体＞铁素体＞珠光体＞上、下贝氏体＞马氏体；比容则相反，其顺序是：马氏体＞铁素体＞珠光体＞奥氏体＞碳化物（但铬和钒的碳化物比容大于奥氏体）。从钢的热膨胀特性可知，当碳钢加热或冷却过程中发生一级相变时，钢的体积将发生突变。过来奥氏体转变为铁素体、珠光体或马氏体时，钢的体积将膨胀；反之，钢的体积将收缩。冷却速度不同，相变温度不同。不同的钢有不同的热膨胀曲线。

钢连续冷却转变曲线图，简称 CCT 曲线，系统的表示冷却速度对钢的相变开始点、相变进行速度和组织的影响情况。钢的一般热处理、形变热处理、热轧以及焊接等生产工艺，均是在连续冷却的状态下发生相变的。因此 CCT 曲线与实际生产条件相当近似，所以它是制定工艺时的有用参考资料。根据连续冷却转变曲线，可以选择最适当的工艺规范，从而得到恰好的组织，达到提高强度和塑性以及防止焊接裂纹的产生等。连续冷却转变曲线测定方法有多种，有金相法、膨胀法、磁性法、热分析法、末端淬火法等。除了最基本的金相法外，其他方法均需要用金相法法进行验证。

实验步骤

（1）焊接热电偶：裁剪 10cm 左右的正负两条热电偶丝，用点焊机在 $30 \sim 35V$ 电压下将 S 形或 K 形热电偶丝，焊接在测量样品上，同时套上热电偶保护管。

（2）装载样品：辨别电偶丝正负极（详见操作注意事项），用螺丝刀正确连接到在操作室中热电偶的正负极接头上，注意固定螺丝不能拧的太紧；手动移动 LVDT 传感器以便抬起顶杆，将样品放在顶杆上，放下 LVDT 传感器装置；移动释放按钮，使样品支架到达规定位置，如图 24-1 所示。

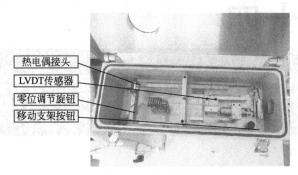

图 24-1　装载样品

（3）双击数据获取软件 DIL.EXE。

（4）在软件中调节零位：打开数据获取软件"Options"菜单下的"setup"子菜单，出现一个零点调节对话框，如图 24-2 所示，手动旋转零点调节旋钮使软件对话框中的红色指标移动到"0"处，完成后盖上测量室上盖，如图 24-3 所示。

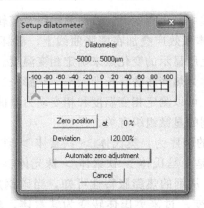

图 24-2　调节零位

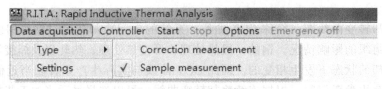

图 24-3　选择实验类型

（5）检查测试仪各线路管道连接，确定连接无误后，打开仪器总电源。

（6）打开数据获取软件中的"Data acquisition"菜单下的"Type"菜单，选择实验类型，如图 24-3 所示。

（7）打开数据获取软件中的"Data acquisition"菜单下的"Setting"菜单，出现一个对话框，输入实验相关信息，如图 24-4 所示。

（8）打开数据获取软件中的"Controller"菜单下的"temperature profile"子菜单，设置控温程序，如图 24-5 所示。

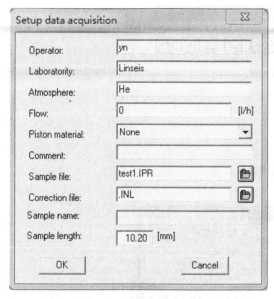

图 24-4　输入实验相关信息

图 24-5　设置控温程序

（9）抽真空：关闭进气阀、排气阀与真空截止阀门，打开二级旋转真空泵与分子泵的联动电源，对仪器测量室抽真空，直到测量室真空度达到 $1 \times 10^{-3}\,\mathrm{mbar}(1\,\mathrm{bar} = 10^5\,\mathrm{Pa})$ 左右（根据实验要求）时拉下真空截止阀，打开进气阀，按下进气电磁通气阀开关，通入冷却保护气体（氦气、氮气或氩气）使测量室压强略高正常大气压（压差表略高于 $0.05\,\mathrm{bar}$），放开开关，然后关闭真空泵。如需快速降温（降温速度 $> 0.5\mathrm{K/s}$）则打开排气阀。

（10）打开冷却循环水系统，开始对感应线圈降温，然后在数据获取软件中点击"start"开始实验，在数据获取软件观察样品的长度变化量。

（11）试验结束，当样品温度冷却到室温时关闭冷却循环水，关闭仪器总电源，取出样品，整理好仪器，操作完成。

分析评估软件应用流程

（1）打开"Evaluation"软件，在"File"菜单中点击"New"子菜单，出现一个对话框，对新文件命名，输入新文件名称，如图 24-6 所示。

（2）在"Protocol"处打上"√"，选中协议，如图 24-7 所示。

（3）点击"File"菜单中的"Load Data"子菜单，出现一个选择文件对话框，选择数据采集软件获取相应实验的数据文件，选择打开，如图 24-8 所示。

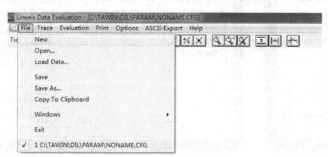

图 24-6　对新文件命名

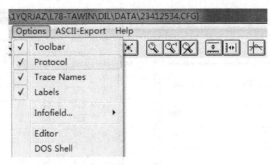

图 24-7　选中协议

图 24-8　打开实验的数据文件

（4）出现横纵坐标对话框，选择所需对话框，出现对应曲线图形。如做CCT曲线，如图24-9所示。

（5）做 X 信号校正，Y 平滑，如图 24-10 所示。

（6）对曲线相变部位做切线，定义 A_{r1} 点，A_{r3} 点，A_{c1} 点，A_{c3} 点，如图 24-11 所示。

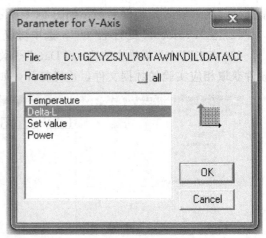

图 24-9　选择纵横坐标

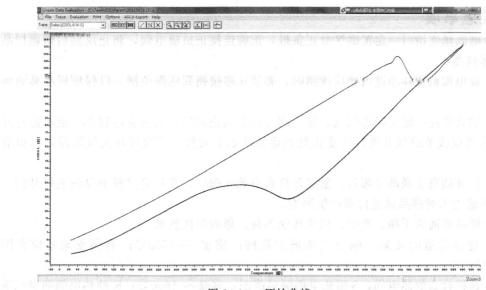

图 24-10　原始曲线

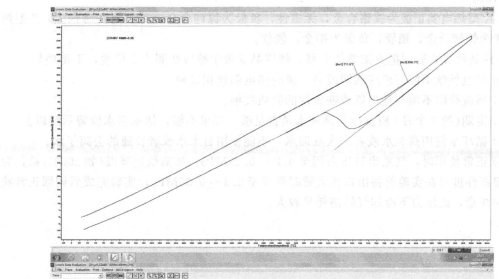

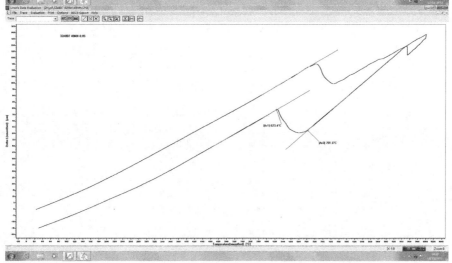

图 24-11　定义 A_{r1} 点，A_{c3} 点

操作注意事项

(1) 电偶丝连接时一定正确区分正负极，正确连接正负极电偶，防止反接后熔融样品，甚至损坏仪器。

(2) 拔出按钮使样品进入感应线圈时，必须让移按钮到达限位槽，以保证样品移动到规定位置。

(3) 抽真空前一定关闭进气阀、排气阀与真空截止阀门，抽真空过程中一定不能打开进气、排气阀或按下通气开关，防止让处在运转状态下的分子泵直接与大气联通，以至造成碎泵。

(4) 打开抽真空联动电源后，紧接开启真空截止阀门，在开启过程中以慢速打开阀门，以防止气流过大对样品放置位置产生影响。

(5) 样品表面须干净、光滑，以免接触不良，影响焊接效果。

(6) 选择合适的支架，刚玉支架适应范围：室温 ~ 1600℃；石英支架适应范围：室温 ～1000℃。

(7) 选择合适的热电偶，S 型热电偶测温范围：室温 ～ 1600℃；K 型热电偶测温范围：室温 ～ 1000℃。

(8) K 型热电偶正极为镍铬合金，无磁性，负极为镍硅合金，可吸附在磁铁上；S 型热电偶正极为铂铑合金，稍硬，负极为铂金，较软。

(9) 样品放置完后须把支架整体上移，使样品安放于感应线圈中心位置，不得倾斜。

(10) 热电偶丝不能与感应线圈或另一极的热电偶丝相接触。

(11) 感应线圈不能与任何铁或铁磁性的物质接触。

(12) 定期（约 3 个月）检查冷却循环水是否足够，如果不够，加水至水位警示线以上。

(13) 循环水使用高纯水或者二次蒸馏水，不能使用自来水或者普通的去离子水。

(14) 正常使用时，气瓶出口压力调至 0.2～0.23MPa。如需快速降温（如 200℃/s），为提高降温线性度可在实验前将出口压力暂时调高至 0.3～0.35MPa，实验完成后调回正常状态。但须注意，此压力下冷却气体消耗量较大。

实验二十五

CCT曲线绘制

实验目的

利用高温淬火相变仪测试完所有冷却速度下样品长度随温度的变化以后,利用软件绘制和平滑 CCT 曲线。

实验步骤

(1) 按实验二十四依次添加处理同组中其他冷却速度对应的实验数据,并确定 A_{r1},A_{r3},A_{c1},A_{c3} 相变点,参照图 24-4 ～ 图 24-11。

(2) 点击"Diagram options" 子菜单,选择绘制 CCT 曲线,如图 25-1 所示。

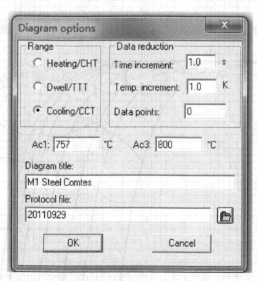

图 25-1　选择绘制 CCT 曲线

(3) 点击"Create diagram" 子菜单,在 winZTU. exe 软件中建立 CCT 曲线,如图 25-2 所示。

(4) 利用添加图形按钮标记冷却速度,如图 25-3 所示。

(5) 利用"Select Element " 和"Draw Polygon"平滑和完成 CCT 曲线,并标记各相变点,如图 25-4 所示。

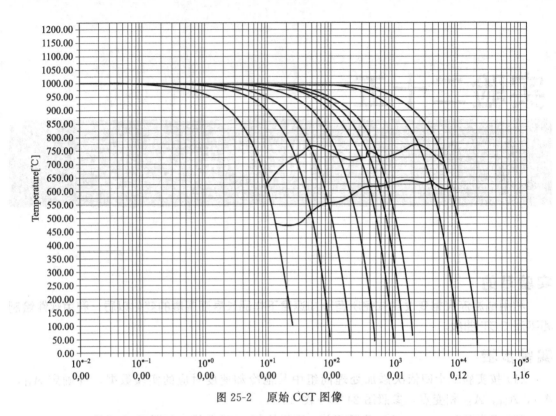

图 25-2　原始 CCT 图像

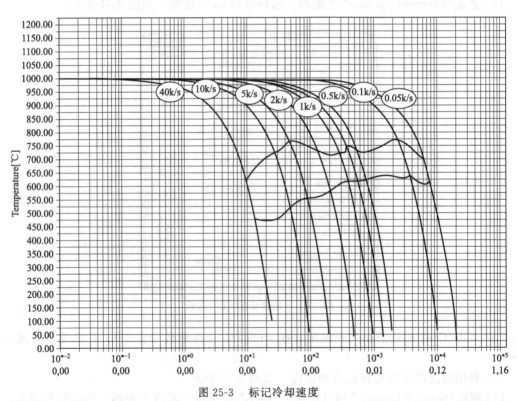

图 25-3　标记冷却速度

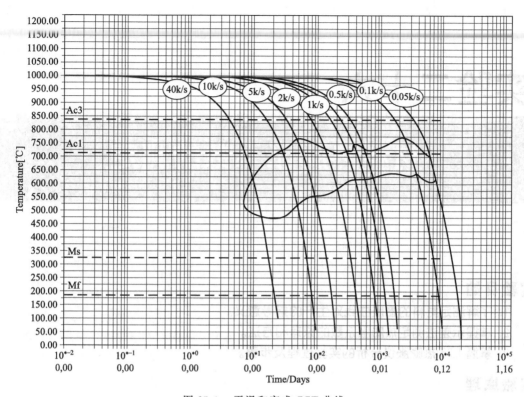

图 25-4　平滑和完成 CCT 曲线

实验二十六

材料热膨胀系数的测定

实验目的

1. 了解测定材料的膨胀曲线对生产的指导意义。
2. 掌握示差法测定热膨胀系数的原理和方法。
3. 掌握 L75 热膨胀仪分析的实验过程及步骤。

实验原理

一、基本原理

对于一般的普通材料，通常所说膨胀系数是指线膨胀系数，其意义是温度升高 1℃ 时单位长度上所增加的长度，单位为 $cm \cdot cm^{-1} \cdot ℃^{-1}$。

假设物体原来的长度为 L_0，温度升高后长度的增加量为 ΔL，则：

$$\Delta L / L_0 = \alpha_1 \Delta t \tag{26-1}$$

式中　α_1——线膨胀系数，也就是温度每升高 1℃ 时，物体的相对伸长。

当物体的温度从 T_1 上升到 T_2 时，其体积也从 V_1 变化为 V_2，则该物体在 $T_1 \sim T_2$ 的温度范围内，温度每上升一个单位，单位体积物体的平均增长量为：

$$\beta = (V_1 - V_2) / V_1 (T_1 - T_2) \tag{26-2}$$

式中　β——平均体膨胀系数。

从测试技术来说，测体膨胀系数较为复杂。因此，在讨论材料的热膨胀系数时，常常采用线膨胀系数

$$\alpha = (L_1 - L_2) / L_1 (T_1 - T_2) \tag{26-3}$$

式中　α——玻璃的平均线膨胀系数；

　　L_1——在温度为 T_1 时试样的长度；

　　L_2——在温度为 T_2 时试样的长度。

α 与 β 的关系：$\beta = 3\alpha + 3\alpha^2 \Delta T^2 + \alpha^3 \Delta T^3$ $\tag{26-4}$

上式中的第二项和第三项非常小，在实际中一般略去不计，而取 $\beta \approx 3\alpha$。

膨胀系数实际上并不是一个恒定的值，而是随着温度变化的，所以上述膨胀系数都是具有在一定温度范围 Δt 内的平均值的概念，因此使用时要注意它适用的温度范围，一些材料的膨胀系数见表 26-1。

表 26-1　一些材料的膨胀系数

材料名称	线膨胀系数（0～1000℃）/×10⁻⁶K⁻¹	材料名称	线膨胀系数（0～1000℃）/×10⁻⁶K⁻¹	材料名称	线膨胀系数（0～1000℃）/×10⁻⁶K⁻¹
石英玻璃	0.5	滑石瓷	7～9	MgO	13.5
钠钙硅酸玻璃	9.0	钛酸钡瓷	10	SiC	4.7
硼硅玻璃	3	莫来石	5.3	TiC	7.4
黏土耐火砖	5.5	尖晶石	7.6	B₄C	4.5
刚玉瓷	5～5.5	ZrO_2	4.2	BeC	9.0
硬质瓷	6	Al_2O_3	8.8		

　　示差法是基于采用热稳定性良好的材料石英玻璃（棒和管）在较高温度下，其线膨胀系数随温度而改变的性质很小，当温度升高时，石英玻璃与其中的待测试样与石英玻璃棒都会发生膨胀，但是待测试样的膨胀系数比石英玻璃管上同样长度部分的膨胀要大。因而使得与待测试样相接触的石英玻璃棒发生移动，这个移动是石英玻璃管、石英玻璃棒和待测试样三者的同时伸长和部分抵消后在千分表上所显示的 ΔL 值，它包括试样与石英玻璃管和石英玻璃棒的热膨胀之差值，测定出这个系统的伸长之差值及加热前后温度的差数，并根据已知石英玻璃的膨胀系数，便可算出待测试样的热膨胀系数。

　　试样升温达到测试温度后，根据记录结果，按下式计算出试样加热至 t℃ 时的线膨胀百分率和平均线膨胀系数：

　　线膨胀百分率计算公式：$\delta = (\Delta L_t - K_t)/L \times 100\%$　　　　　　　　　　（26-5）

　　平均线膨胀系数计算公式：$\alpha = (\Delta L_t - K_t)/L(t - t_0)$　　　　　　　　（26-6）

式中　　L——试样室温时的长度，mm；

　　　ΔL_t——试样加热至 t℃ 时测得的线变量值 mm（仪器示值），ΔL_t 数值正负表示试样的膨胀与负膨胀（收缩）；

　　　K_t——测试系统 t℃ 时补偿值，mm；

　　　t——试样加热温度，℃；

　　　t_0——试样加热前的室温，℃。

　　仪器的补偿值 K_t 需要预先测定和计算。求补偿值 K_t 的方法是：1000℃ 以下用石英标样，1000℃ 以上用高纯刚玉标样作试样，进行升温测试，仪表中数值包含了标样、试样及测试杆的综合膨胀值。而补偿值 K_t 应只是试样管及测试杆在相应温度下的综合膨胀值，所以应将标样在相应温度下的膨胀值，从膨胀量中扣除后，剩下的膨胀量即为仪器在相应温度下的补偿 K_t。而标样的膨胀系数为已知的话，则 K_t 可用下列公式求出。即已知 $\alpha_{标}$、$\Delta L_{t标}$、$L_{标}$、t、t_0，则：

$$K_t = \Delta L_{t标} - \alpha_{标} L_{标} \times (t - t_0)$$　　　　　　　　　（26-7）

　　例如：求 1400℃ 时仪器补偿值 K_{1400}，用刚玉标样作试样进行升温测试，升温前量得标样长度 $L_{标} = 50.1$mm，室温 $t_0 = 20$℃ 升温至 1400℃ 时，记录 $\Delta L_{1400标} = 0.11$mm，查得 1400℃ 时刚玉标样的平均线膨胀系数 $\alpha_{标} = 8.623 \times 10^{-6}$℃⁻¹，将上述数值代入公式中

$$K_{1400} = \Delta L_{1400标} - \alpha_{标} L_{标} \times (1400 - 20)$$

$$= -0.486(mm)$$

　　石英标样的膨胀系数取平均值 0.55×10^{-6}℃⁻¹。

二、L75 热膨胀仪的构造与原理

热膨胀仪结构图如图 26-1 所示。

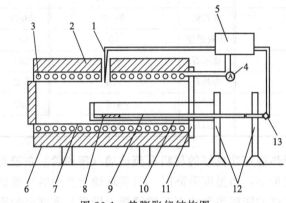

图 26-1　热膨胀仪结构图

1—测温热电偶；2—膨胀仪电炉；3—电热丝；4—电流表；5—控制器；6—电炉铁壳；7—电炉芯；
8—待测试样；9—石英玻璃棒；10—石英玻璃管；11—带水冷套遮热板；12—支架；13—位移传感器

实验步骤

1. 试样的准备

（1）取无缺陷材料作为测定膨胀系数的试样。

（2）加工试样，把将试棒两端磨平，试样长度＜50mm，截面面积应在 φ12 的圆面积之内。

2. 校正实验

（1）取放样品　图 26-2 是仪器控制系统主面板，左下角黑色按键可以通过上下开启实现加热炉的开启和关闭，右下角上下键按钮可以实现样品推拉杆的上下移动，图 26-3 是样品室，样品下端长杆即为样品推拉杆。向上按热膨胀仪面板上的 LIFT 键，打开加热炉，按 ZERO 按钮切换键↓收缩推进杆，移去旧的样品，放入已知长度的标准样品，按切换键↑移动推进杆向上移动直到样品接触到顶部末端。

（2）测量软件设置　首先进行炉子参数设置。点击如图 26-4 所示桌面"高温炉 Types"图标，弹出如图 26-5 所示测试界面，从主菜单选择 DATA ACQUISITION 菜单下的 TYPE，选择 CORRECTION MEASUREMENT 命令。从主菜单选择 TEMPERATURE PROFILE，弹出如图 26-6 所示温度设置界面，设置加热速率、恒温时间、制冷速率等参数。执行 CURRENT VALUES 命令，检查炉子的当前温度，正常情况是室温。

图 26-2　L75 热膨胀仪主面板

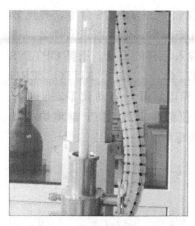

图 26-3　L75 热膨胀仪样品室

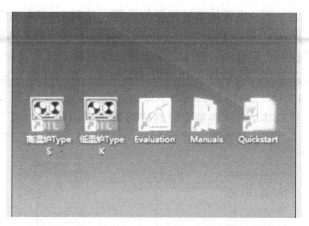

图 26-4　L75 热膨胀仪桌面图标

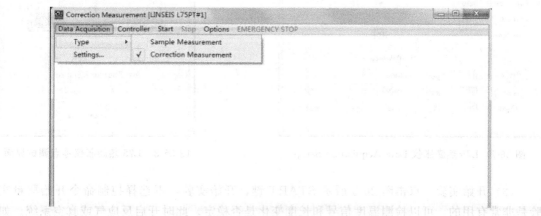

图 26-5　L75 热膨胀仪测试界面

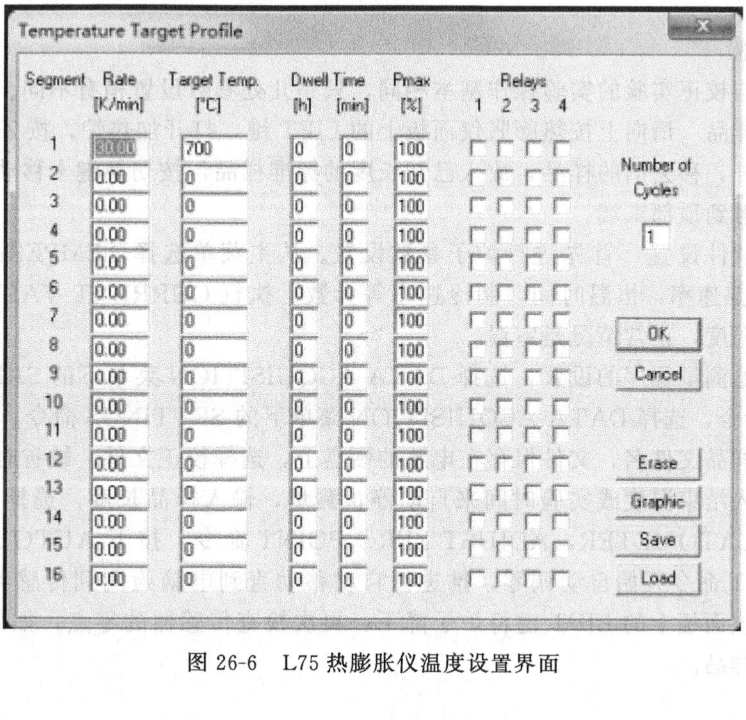

图 26-6　L75 热膨胀仪温度设置界面

下一步开始测量程序的设置。选择 DATA ACQUISITION, SETTINGS 命令，弹出如图 26-7 所示 Data Acquisition Setup 界面，输入实验中的信息和参数，输入校正文件名，将保存在硬盘中，输入结束温度或实验时间来自动停止测量，输入标样的长度。选择 OPTINS 菜单的 SETUP DILATOMETER, ADJUST ZERO POINT 命令，按下 AUTO ZERO POINT ADJUSTMENT 命令，弹出如图 26-8 所示零点调节界面。开始自动调零，推进杆自动移动直到电脑检测到传感器的零点位置，向下按热膨胀仪面板上的 LIFT 键将炉子降下，再次检查传感器的零点，如果有大的变化，打开炉子检查标样。

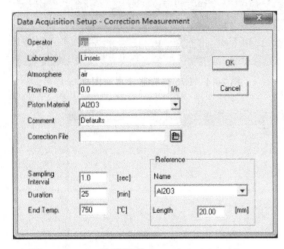

图 26-7　L75 热膨胀仪 Data Acquisition Setup　　图 26-8　L75 热膨胀仪零点调试界面

（3）开始实验　点击图 26-5 所示 START 键，开始实验，不选择控制命令开始测量实验是非常有用的，可以检测温度信号和长度变化是否稳定。此时开启反应气或真空系统。如果没有漂移，停止实验且重新选择控制命令开始实验。在实验过程中实时观察时间曲线和当前的数据。

3. 样品实验

样品实验与校正实验的实验操作基本相同，只是几处参数设置稍有不同。

（1）取放样品　请向上按热膨胀仪面板上的 LIFT 键，打开加热炉，按 ZERO 按钮切换键↓收缩推进杆，移去旧的样品，放入已知长度的标准样品，按切换键↑移动推进杆向上移动直到样品接触到顶部末端。

（2）测量软件设置　首先进行炉子参数设置。从主菜单选择 TEMPERATURE PROFILE，设置加热速率，恒温时间，制冷速率等参数。执行 CURRENT VALUES 命令，检查炉子的当前温度，正常情况是室温。

下一步开始测量程序的设置，选择 DATA ACQUISITION 菜单下的 SAMPLE MEASUREMENT 命令，选择 DATA ACQUISITION 菜单下的 SETTINGS 命令，输入实验中的信息和参数；样品文件名，文件保存在电脑的硬盘上，选择校正文件，缺省时，此文件在评估时使用，输入结束温度或实验时间来自动停止测量，输入样品长度，选择 OPTINS 菜单的 SETUP DILATOMETER, ADJUST ZERO POINT 命令，按下 AUTO ZERO POINT ADJUSTMENT 命令开始自动调零，推进杆自动移动直到电脑检测到传感器的零点位置，向下按热膨胀仪面板上的 LIFT 键将炉子降下，再次检查传感器的零点，如果有大的变化，打开炉子检查样品。

（3）开始实验　按 START 键开始实验，不选择控制命令开始测量实验是非常有用的，可以检测温度信号和长度变化是否稳定，此时开启反应气或真空系统。如果没有漂移，停止实验且重新选择控制命令开始实验。在实验过程中实时观察时间曲线和当前的数据。

注意：做样品实验时，应该必须先做校正文件实验，且校正实验和样品实验的实验条件必须一致，包括：样品的加热速率；起始温度，结束温度，以及样品的形状和大小。

4.实验分析

点击图 26-4 所示桌面图标的"Evaluation"图标，弹出如图 26-9 所示分析主界面。选择"File"下拉菜单"New"选项，点击"Ok"，选择"File"下拉菜单"Load data"选项，选择欲分析的数据文件。

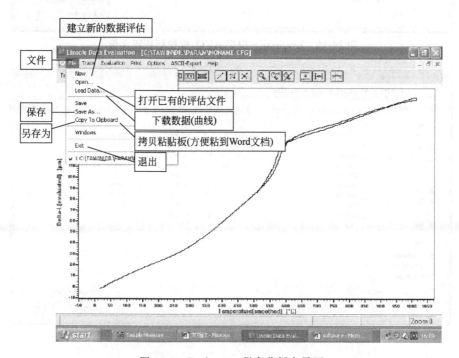

图 26-9　Evaluation 程序分析主界面

选择"Evaluation"下拉菜单"Signal Correction，x smoothing"，点击"Ok"，弹出图 26-10 窗口，选择"Al_2O_3.irf"校正文件，点击"Ok"，继续弹出类似图 26-10 所示窗口，继续选择选择"Al_2O_3.irf"校正文件，点击"Ok"。

继续弹出如图 26-11 所示窗口，选择里面一个标准文件，而标准文件里面标准样品的测试温度大于测试样品的温度即可。

选择"Evaluation"下拉菜单"Expansion Coefficient"，弹出如图 26-12 所示膨胀系数选择界面，根据自己需要选取图中所示三种膨胀系数之一，确认点击"Ok"，可以继续选择"Evaluation"下拉菜单"Expansion Coefficient"，再次选择另外一种膨胀系数。

上述操作完成之后，出现图 26-13 所示画面，选定里面某个曲线，可以在曲线上选定一系列点进行标注，如图 26-13 画面中所示。若要得到以表显示的结果，选择"File"下拉菜单"Copy to Clicboard"选项，弹出如图 26-14 所示结果。

图 26-10　Evaluation 程序 Al₂O₃ 推拉杆校正文件

图 26-11　Evaluation 程序标准样品校正文件

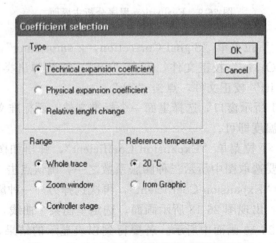

图 26-12　Evaluation 程序膨胀系数选择界面

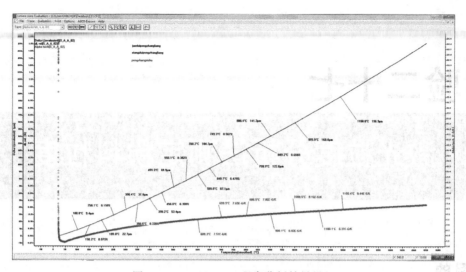

图 26-13　Evaluation 程序分析结果界面

LINSEIS Dilatometer Evaluation Protocol

File-name:
D:\2012\20121126\20130917

Common data:

```
====================================================================
Date/Time:   13/9/17   12:06:15   Sample:      Al2O3      20.00 mm
Operator:    gq                   Reference:   --------     0.00 mm
Laboratory:  Linseis              Atmosphere:  air          0.00 l/h
Comment:     Defaults             Corr:  1600   Piston:     Al2O3
====================================================================
```

Controller parameters:

```
====================================================================
Segment | Heating  [K/min] |End temperature [°C]| Dwell time[min]
--------------------------------------------------------------------
   1    |    10.0          |       900.0        |       0.0
   2    |     5.0          |      1100.0        |       0.0
====================================================================
```

Table of data and coefficients:

Reference temperature for AKt: 20°C

T [°C]	dL [μm]	AKt[E-6/K]	AKp[E-6/K]	dL/L0 [%]
28.0	0.86	28.62		0.0229
128.0	11.05	6.84		0.0738
228.0	20.17	5.74		0.1194
328.0	30.16	6.80		0.2094
428.0	55.31	7.23		0.2952
528.0	72.22	7.48		0.3797
628.0	89.59	7.67		0.4666
728.0	107.19	7.83		0.5547
828.0	125.27	7.98		0.6451
928.0	145.18	8.20		0.7446
1028.0	165.67	8.40		0.8471

图 26-14　样品 Evaluation 程序分析结果表

实验二十七

激光粒度分析法测定粉料粒度

实验目的

1. 利用激光粒度分析仪测量粉体粒度，了解测定值的物理意义。
2. 了解激光粒度仪的测定原理和方法。

实验原理

一般，关于通过颗粒悬浊液体的透光量，可以成立 Lambert-Beer 定律，即：

$$\ln(I_0/I) = kAcl \tag{27-1}$$

式中　I_0、I——入射光及透过光的强度；

　　　　A——光束中每克颗粒的投影面积，cm^2/g；

　　　　c——悬浊液的颗粒浓度(质量浓度)，g/cm^3；

　　　　l——通过悬浊液的光行程长度，cm；

　　　　k——有关光行程系统的常数。

其中，在 I 一定时，$kI = k_0$(恒定值)。

以均匀直径 D_p 的球状颗粒悬浊液为例，设每克试样中的颗粒数为 n 个，则：

$$A = n(\pi/4)D_p{}^2 \tag{27-2}$$

$$\ln(I_0/I) = k_0 k' c n(\pi/4)D_p{}^2 \tag{27-3}$$

式中　k'——颗粒的折光效率，称为吸光系数。

延伸上述概念，若粒径呈不连续分布，且 $D_1 < D_2 < \cdots < D_i < D_n$，每克试样中，$D$ 的颗粒有 n_i 个，其吸光系数为 k_i，常以形状系数 ϕ_i 代替 $\pi/4$，并设当时的透光当量为 I_n，则：

$$\ln(I_0/I_n) = k_0 c \sum_{i=1}^{n} (k_i \phi_i n_i D_i{}^2) \tag{27-4}$$

若在一定位置上测定光量，随着时间的推移，从大颗粒开始，依次地从该处消失颗粒踪迹。而且所消踪迹的颗粒粒径可按 Stokes 定律作出预估。在 D_n，D_{n-1}，D_{n-2}，$\cdots$，D_i，$\cdots$，分别消失踪迹的时刻所测得的透光量各为 I_{n-1}，I_{n-2}，$\cdots$，I_i，$\cdots$，I_1。经推算可按下式求得粒度：

$$\frac{\ln(I_{i-1}/I_i)D_i}{\sum\limits_{i=1}^{n}[\ln(I_{i-1}/I_i)D_i]} = \frac{n_i D_i{}^3}{\sum\limits_{i=1}^{n}(n_i v_i{}^2)} \tag{27-5}$$

这是按平均粒径定义所表示的体积分布或质量分布。

MS2000 激光粒度分析仪，采用超声波分散，减小粉体的团聚作用，根据不同材料的光学特性，选用不同的光学模型，利用光透过法测定粉体粒度，其工作原理如图 27-1 所示。

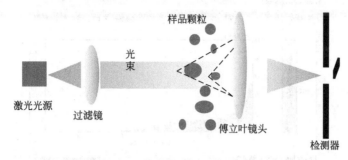

图 27-1 激光粒度仪工作原理图

实验仪器

本实验使用英国马尔文（MALVERN）公司生产的 MS2000 激光粒度分析仪，如图27-2 所示。测量速度快，测量范围 $0.2 \sim 2000\mu m$；重复性：$\leqslant 1\%$（重复检测同一样品）；测试样品量：$0.1 \sim 20g$。

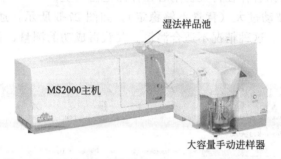

图 27-2 MALVERN 公司的 MS2000 激光粒度分析仪

实验内容及步骤

1. 测量前准备

（1）样品准备 样品必须能够准确反映待测物质，确保使用的样品是具有代表性的，若样品储存在容器中，测量前样品应充分混合，确保大小颗粒都被取样。液体样品需要选择合适的泵速确保样品充分混合，防止大颗粒沉入容器底部而没有被测量；干法测量结束后不要在样品盘上有残留样品，尽量保证所有样品颗粒都被测量。

（2）光学系统的洁净度 激光散射测量是一种高分辨的光学检测手段，样品池检测窗是测量区域的主要组成部件，窗口的灰尘和污染物质会散射激光，杂质散射光会随分散样品的散射光一起被测量，从而影响测量的精度。通过观测测量背景就能判断系统的光学洁净程度是否达标。

① 新仪器的背景测量窗口如图 27-3 所示。

若符合下述条件，我们认为仪器光学部分是洁净的：

a. 阴影部分沿 X 轴递减，柱状条变化趋势是逐渐降低。

b. 第一条柱状条高度不超过 100。

c. 激光强度在 70% 以上。

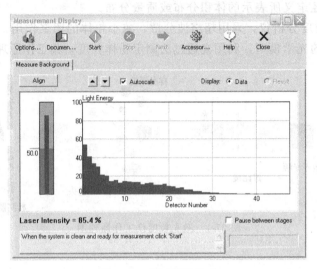

图 27-3　背景测量显示

② 较差的测量背景如图 27-4 所示。在柱状图显示中可以看到在 30～40 检测器之间存在一个信号峰，这通常意味着存在污染物附着在样品池窗口上。

③ 若背景柱状图波动过大（背景不够稳定），如图 27-5 所示，通常意味着分散介质中存在气泡或者杂质微粒，这种情况不适合测量。要获得成功的测量，首先必须保证一个稳定的测量背景。

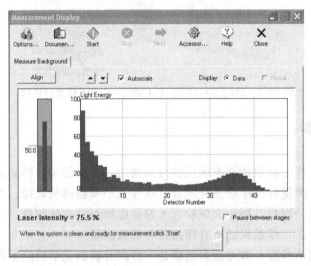

图 27-4　样品窗有污染的背景测量显示

2. 基本测量

（1）打开主机电源，预热 15～30min。

（2）开启分散器电源。按键控制面板第一个显示中间的 on/off 键盘，让水循环起来，搅拌速度调到 3000r/min。

（3）打开计算机 Mastersizer 2000 的应用软件。

（4）在"文件 File"那里点击打开，打开已有的文件或新建一个文件，确保测量记录存放在你所需要的文件名下。

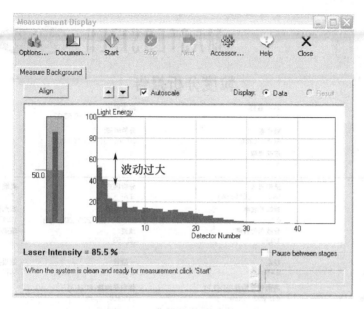

图 27-5　背景柱状图波动过大

（5）单击"测量 Measure"菜单中的"手动 Manual"按钮，进入测量窗口。

（6）进入"选项 Options"菜单，选择合适的光学参数，在"物质 Material"那的"物质名称 Sample material name"那里选择好样品的物质名称，如果测量的是仪器配的标准样品，要求选择"Glass Beads"，在"分散介质 Dispersant name"选择 Water，"模型 Models"选择"通用模式 General purpose"，如果是测量标准样品要求选择"single mode"，"颗粒形貌 Particle shape"选择"不规则 Irregular"，标准样品要求选择"spherical"，"测量选项 Measurement"那里选择"样品测量时间 Sample measurement"8s，"背景测量时间 Background measurement"10s，在"测量循环 Measurement Cycles"选择"测量次数 Number of measurement cycles"3 次，"延时时间 Delay between measurement"选择 0s，下面的"创建平均结果 Average Result"选择创建。

（7）再进入"文档 Documentation"菜单，输入样品名称，然后确定退出。

（8）然后点击"对光 Align"，对光好后，如果背景 Background 状态正常（如果 Detector Number 那边的信号基本呈左边高右边低的态势就是比较正常的背景），就不需要换水了，如果换了几次水以后，背景还是不正常，就需要打开样品池窗口进行清洁样品窗口（如果是第一次打开软件的话，"对光 Align"按键是隐藏在"测量背景 Measure Background"下面的，只要点击"开始 Start"键盘，仪器就会对光接着测量背景的）。

（9）然后单击"开始 Start"按钮，系统开始测量背景，当背景测量完成以后并提示"加入样品 Add Sample"后，开始加入样品到"遮光度 Laser Obscuration"到 10％左右，等待样品分散 10s，然后单击"开始 Start"或按"测量样品 Measure Sample"进行测量样品。每测量一次，结果会按照记录编号顺序自动存在文件里。

（10）测量结束后，抬起烧杯上方盖子到两个黑线中间进行清洁样品，然后换新鲜的水并清洗两到三次（以对光后背景正常为准）。

应用实例

MS2000 测试某样品粒度结果，如图 27-6 所示。

粒度分析报告

样品名称: T03 - 平均	**SOP名称:**	**测量时间:** 2014年5月13日 10:50:22
样品来源及类型:	**操作者:** Administrator	**分析时间:** 2014年5月13日 10:50:23
样品参考批号:	**结果来源:** 平均	

颗粒名称: SiO2	**进样器名:** Hydro 2000MU (A)	**分析模式:** 通用	**灵敏度:** 正常
颗粒折射率: 1.487	**颗粒吸收率:** 0.1	**粒径范围:** 0.020 to 2000.000 um	**遮光度:** 10.47 %
分散剂名称: Water	**分散剂折射率:** 1.330	**残差:** 50.053 %	**结果模拟:** 关

浓度: 0.7788 %Vol	**径距:** 0.458	**一致性:** 0.149	**结果类别:** 体积
比表面积: 0.0121 m^2/g	**表面积平均粒径D[3,2]:** 495.852 um	**体积平均粒径D[4,3]:** 511.400 um	

D(0.1): 395.303 um **D(0.5):** 509.538 um **D(0.9):** 628.586 um **D(0.97):**660.84 μm **D(1.00):**693.14 μm

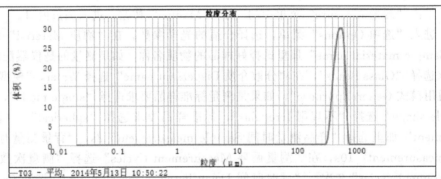

—T03 - 平均, 2014年5月13日 10:50:22

粒度(μm)	范围内体积%	粒度(μm)	范围内体积%	粒度(μm)	范围内体积%	粒度(μm)	范围内体积%	粒度(μm)	范围内体积%	粒度(μm)	范围内体积%
0.010		0.105		1.096		11.482		120.226		1258.925	
0.011	0.00	0.120	0.00	1.259	0.00	13.182	0.00	138.038	0.00	1445.440	0.00
0.013	0.00	0.138	0.00	1.445	0.00	15.136	0.00	158.489	0.00	1659.587	0.00
0.015	0.00	0.158	0.00	1.660	0.00	17.378	0.00	181.970	0.00	1905.461	0.00
0.017	0.00	0.182	0.00	1.905	0.00	19.953	0.00	208.930	0.00	2187.762	0.00
0.020	0.00	0.209	0.00	2.188	0.00	22.909	0.00	239.883	0.00	2511.886	0.00
0.023	0.00	0.240	0.00	2.512	0.00	26.303	0.00	275.423	0.00	2884.032	0.00
0.026	0.00	0.275	0.00	2.884	0.00	30.200	0.00	316.228	0.00	3311.311	0.00
0.030	0.00	0.316	0.00	3.311	0.00	34.674	0.00	363.078	1.28	3801.894	0.00
0.035	0.00	0.363	0.00	3.802	0.00	39.811	0.00	416.869	12.80	4365.158	0.00
0.040	0.00	0.417	0.00	4.365	0.00	45.709	0.00	478.630	22.06	5011.872	0.00
0.046	0.00	0.479	0.00	5.012	0.00	52.481	0.00	549.541	26.48	5754.399	0.00
0.052	0.00	0.550	0.00	5.754	0.00	60.256	0.00	630.957	25.99	6606.934	0.00
0.060	0.00	0.631	0.00	6.607	0.00	69.183	0.00	724.436	9.40	7585.776	0.00
0.069	0.00	0.724	0.00	7.586	0.00	79.433	0.00	831.764	0.00	8709.636	0.00
0.079	0.00	0.832	0.00	8.710	0.00	91.201	0.00	954.993	0.00	10000.000	0.00
0.091	0.00	0.955	0.00	10.000	0.00	104.713	0.00	1096.478	0.00		
0.105	0.00	1.096	0.00	11.482	0.00	120.226	0.00	1258.925	0.00		

图 27-6 MS2000 测试样品粒度结果

实验二十八

Zeta电位纳米粒度仪测定粉料粒度与Zeta电位

实验目的

1. 利用纳米粒度仪分析测量粉体 Zeta 电位、粒径和分子量，了解测定值的物理意义。
2. 了解纳米粒度仪的测定原理和方法。

实验原理

Zetasizer Nano 仪器能够测量液体介质中粒子或大分子的粒径、Zeta 电位和分子量三种特性。其工作原理分别如下。

一、Zeta 电位

通过使用激光多普勒测速法（LDV）对样品进行电泳迁移率实验，得到带电粒子电泳迁移率。通过测量电泳迁移率并运用 Henry 方程计算 Zeta 电位。亨利（Henry）方程是：

$$U_E = \frac{2\varepsilon z f(ka)}{3\eta}$$

式中　　z——Zeta 电位；

　　U_E——电泳迁移率；

　　ε——介电常数；

　　η——黏度；

　$f(ka)$——Henry 函数。

有两个值通常用于 $f(ka)$ 测定的近似，即 1.5 或 1.0。

通常在水性介质和中等电解质浓度下进行 Zeta 电位的电泳测定法。在这种情况下 $f(ka)$ 是 1.5，即 Smoluchowski 近似。因此，对适合 Smoluchowski 模型的系统，即大于 $0.2\mu m$ 的粒子分散在含大于 10^{-3} mol 盐的电解质溶液中，可由此算法直接从迁移率计算 Zeta 电位。

粒子表面存在的净电荷，影响粒子界面周围区域的离子分布，导致接近表面抗衡离子（与粒子电荷相反的离子）浓度增加。于是，每个粒子周围均存在双电层（如图 28-1）：一是内层区，称为 Stern 层，其中离子与粒子紧紧地结合在一起；另一个是外层分散区，其中离子不那么紧密地与粒子相吸附。在分散层内，有一个抽象边界，在边界内的离子和粒子形成稳定实体。当粒子运动时（如由于重力），在此边界内的离子随着粒子运动，但此边界外的离子不随着粒子运动。这个边界称为流体力学剪切层或滑动面（slipping plane）。在这个边界上存在的电位即称为 Zeta 电位。

Zeta 电位的大小表示胶体系统的稳定性趋势。胶体系统是：当物质三相（气体、液体和固体）之一，良好地分散在另一相而形成的体系。对这种技术，我们对两种状态感兴趣：固体分散在液体中和液体分散在液体中即乳剂。

如果悬浮液中所有粒子具有较大的正的或负的 Zeta 电位，那么它们将倾向于互相排斥，没有絮凝的倾向。但是如果粒子的 Zeta 电位值较低，则没有力量阻止粒子接近并絮凝。稳定与不稳定悬浮液的通常分界线是：+30mV 或−30mV。Zeta 电位大于+30mV 正电或小于−30mV 负电的粒子，通常认为是稳定的。

影响 Zeta 电位的最重要因素是 pH 值。没有引用 pH 值的 Zeta 电位值，本身实际上是没有意义的数字。想象悬浮液中的一个粒子，具有负 Zeta 电位。如果在这个悬浮液中加入更强碱，那么粒子将倾向于得到更多负电荷。如果在这个悬浮液中加入酸，将达到某一点，负电荷被中和。进一步加入酸，则导致在表面产生正电荷。因此，Zeta 电位对照 pH 值的曲线，在低 pH 值时是正电的，而在高 pH 值时较低正电或是负电的。

曲线通过零 Zeta 电位的点，叫做等电点（isoelectic point），在实际应用过程中是非常重要的。正常情况下它就是胶体系统最不稳定的点。Zeta 电位对照 pH 值的典型图如图 28-2 所示。

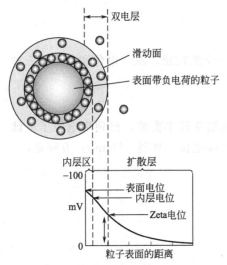

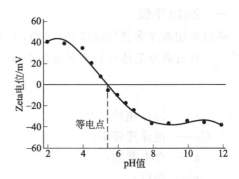

图 28-1　粒子周围的双电层分布　　　　　图 28-2　Zeta 电位对照 pH 值的典型图

二、粒径

使用称为动态光散射（DLS）的过程进行粒径测量。动态光散射（也称为 PCS，光子相关光谱）测量布朗运动，并将此运动与粒径相关。这是通过用激光照射粒子，分析散射光的光强波动实现的。如果小粒子被光源如激光照射，粒子将在各个方向散射。如果将屏幕靠近粒子，屏幕即被散射光照亮。现在考虑以千万个粒子代替单个粒子。屏幕将出现如图 28-3 所示的散射光斑。散射光斑由明亮和黑暗的区域组成，在黑暗区域不能监测到光。光的明亮区域是：粒子散射光以同一相位到达屏幕，相互叠加相干形成亮斑。黑暗区域是：不同相位达到屏幕互相消减。

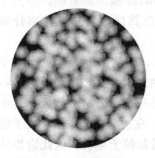

图 28-3　散射光斑

实际上，悬浮于液体中的粒子从来不是静止的。由于布朗运动，粒子不停地运动。布朗运动是由于与环绕粒子的分子随机碰撞引起的粒子运动。对DLS来说，布朗运动的一个重要特点是，小粒子运动快速，大颗粒运动缓慢。在Stokes-Einstein方程中，定义了粒径与其布朗运动所致速度之间的关系。Stokes-Einstein方程是：

$$D_H = \frac{kT}{f} = \frac{kT}{3\pi\eta D}$$

式中　D_H——流体力学直径；

　　　k——Boltzmann常数；

　　　f——粒子摩擦系数；

　　　η——溶剂黏度；

　　　T——热力学温度；

　　　D——扩散系数。

　　由于粒子在不停地运动，散射光斑也将出现移动。由于粒子四处运动，散射光的建设性和破坏性相位叠加，将引起光亮区域和黑暗区域呈光强方式增加和减少——或以另一种方式表达，光强似乎是波动的。Zetasizer Nano测量了光强波动的速度，然后用于计算粒径。

三、分子量

　　使用称为静态光散射（SLS）的过程进行分子量测量。静态光散射（SLS）是非侵入技术，用于取得溶液中的分子特征。以光源如激光照射样品中的粒子，而粒子在所有方向散射光。但是，静态光散射测试散射光的时间——平均光强，而不测量依赖于散射光强度随时间的波动。

　　对一系列样品浓度，累计测试其一段时间如$10\sim30$s的散射光光强然后求的平均光强。这个平均光强与固有的信号波动无关，因此称为"静态光散射"。由此，我们可以测定分子量。

　　通过测量不同浓度的样品，并应用瑞利方程，可以测量分子量。瑞利方程说明了溶液中粒子的散射光密度。瑞利方程是：

$$\frac{Kc}{R(\theta)} = \left(\frac{1}{M} + 2A_2 c\right) P(\theta)$$

式中　$R(\theta)$——瑞利比，样品散射光与入射光的比值；

　　　M——样品分子量；

　　　A_2——第二维利系数；

　　　c——浓度；

　　　$P(\theta)$——样品散射强度的角度依赖性；

　　　K——如下定义的光学常数；

$$K = \frac{2\pi^2}{\lambda_0^4 N_A}\left(n_0\frac{\mathrm{d}n}{\mathrm{d}c}\right)^2$$

式中　N_A——Avogadro常数；

　　　λ_0——激光波长；

n_0——溶剂折射率；

$\mathrm{d}n/\mathrm{d}c$——折射率微分增量。这是折射率随浓度变化的函数。对多数样品/溶剂组合，在文献中可以查到；而对新组合，运用微分折射计可以测量 $\mathrm{d}n/\mathrm{d}c$。

分子量测量的标准方法是，首先测量被分析物相对于已知瑞利比的标准物的光散射强度。用于静态光散射的普通标准物是甲苯，简单理由是，已知一定范围波长和温度下，甲苯的瑞利比较高，适合于精确测量；而且更重要的可能是，甲苯相对较容易得到。在许多参考书中可以查到甲苯的瑞利比，但作为参考，下面给出用于从甲苯标准物计算样品的瑞利比的表达式。

$$R(\theta) = \frac{I_A n_0^2}{I_T n_T^2} R_T$$

式中 I_A——被分析物的剩余散光强（如样品散射光强－溶剂散射光强）；

I_T——甲苯散射光强；

n_0——溶剂折射率；

n_T——甲苯折射；

R_T——甲苯的瑞利比。

实验仪器

本实验使用英国马尔文（Malvern）公司生产的 Zetasizer Nano 纳米粒度仪，粒度测量范围：$0.3\mathrm{nm} \sim 5\mu\mathrm{m}$（最小样品量可达 $20\mu\mathrm{L}$），测量角度：$90°$；ZETA 电位测量：（最小样品量可达 $750\mu\mathrm{L}$）测量角度：$12°$，迁移率范围：$\pm 10\mu\mathrm{m}/(\mathrm{V} \cdot \mathrm{s})$，电导率范围：$0 \sim 200\mathrm{mS/cm}$。采用 M3-PALS 专利技术，可测量盐浓度高达 $2\mathrm{mol/L}$ 的样品。

典型系统如图 28-4 所示。

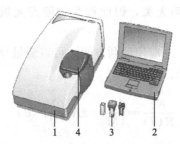

图 28-4 Zetasizer Nano 细末粒度区

1—Zetasizer 仪器；2—安装有 Zetasizer 软件的一个计算机；3—样品池；4—测样区

实验内容及步骤

（1）关闭盖子，开启仪器，待指示灯变为绿色，等待 30min 让激光稳定。

（2）启动 Zetasizer 软件。

（3）制备样品，见附录。

（4）将制备的样品注入样品池。

（5）选择 Measure-Start SOP。将显示 Open SOP（打开 SOP）对话框。选择将要使用的 SOP，选择 Open。

如果要创建新的 SOP，选择 Configure-New-SOP（配置-新建-SOP）。这将打开 SOP

编辑器；从 ▶Measurement type 选择所需的测试类型；在 SOP 对话项中改变所需的设置；所有的设置完成后，选择 File-save 或者点击保存标示，输入一个名字，保存 SOP。

（6）当被要求时，将样品池插入仪器中，等待温度平衡。

（7）点击 Start，即进行测量，显示结果并保存至打开的测量文件中。

附录：纳米粒度仪样品的制备

在样品池放入仪器之前，需要制备样品。为保证可靠和准确的测量，正确的样品制备是极为重要的。

1. 粒径测量样品的制备

（1）样品浓度 每个类型的样品材料，有最佳的样品浓度测量范围。

如果样品浓度太低，可能会没有足够的散射光进行测量。除极端情况外，对 Zetasizer 来说这一般不会发生。如果样品太浓，那么一个粒子散射光也会被其他粒子所散射（这称为多重散射）。浓度的上限也要考虑到：在某一浓度以上，由于粒子间相互作用，粒子不再进行自由扩散。

在确定能够测量样品的最大浓度时，粒径（粒子大小）是一个重要因素。

可以使用表 28-1 作近似指导，以决定不同粒径的最大和最小浓度。所给出的数据，是样品密度接近 $1g/cm^3$ 时的近似值，此处粒子相对于分散剂具有合理的折射率差异，如粒子的折射率为 1.38，水的折射率是 1.33。

表 28-1 不同"粒径"的最大和最小浓度

粒径	最小浓度（推荐）	最大浓度（推荐）
<10nm	0.5g/L	仅由样品材料相互作用、聚集、胶凝作用等限制
10~100nm	0.1mg/L	5%质量（假定密度 $1g/cm^3$）
100nm~1μm	0.01g/L（10^{-3}%质量）	1%质量（假定密度 $1g/cm^3$）
>1μm	0.1g/L（10^{-2}%质量）	1%质量（假定密度 $1g/cm^3$）

只要有可能，应选择这样的样品浓度，即样品出现轻微乳状外观，或以更专业的术语表示，样品得到轻微浊度。

如果不容易达到这样的浓度（例如，样品的粒径可能太小，即使很浓也不出现任何浊度），应测量不同浓度的样品，以便避免浓度效应（如粒子相互作用等）。应在这样的浓度范围内测试，即测试结果不依赖于所选择的浓度。但是通常样品在低于 0.1%浓度（按体积计算）时，浓度效应不会正常出现。

要注意，粒子相互作用可能在样品浓度大于 1%（按体积计算）时发生，粒子相互作用会影响结果。

（2）过滤 用于稀释样品（分散剂和溶剂）的所有液体，应于使用前过滤，避免污染样品。过滤器的粒径应由样品的估算粒径决定。如果样品是 10nm，那么 50nm 灰尘将是分散剂中的重要污染物。水相分散剂可被 0.2μm 孔径膜过滤，而非极性分散剂可被 10nm 或 20nm 孔径膜过滤。

尽可能不过滤样品。过滤膜能通过吸附以及物理过滤消耗样品。只有在溶液中有较大粒径粒子如聚集物时，且它们不是所关心的成分，或可能引起结果改变，才过滤样品。

（3）运用超声波　可使用超声处理除去气泡或破坏聚集物，但是，必须谨慎应用，以便避免损坏样品中的原有粒子。使用超声的强度和施加时间方面，依赖于样品。矿物质如二氧化钛，是通过超声探头进行分散的一个理想的例子，但是某些矿物质，如炭黑的粒径，可能依赖于所应用的功率和超声处理时间。超声甚至可使得某些矿物质粒子聚集。

乳状液和脂质体不得采用超声处理。

2. 分子量测量样品的制备

分子量测试样品的制备，与粒径样品的类似，虽然有需要考虑的其他方面。

此技术对样品中的污物或灰尘是十分敏感的，因此在样品制备中应极为小心。所有溶剂应用 $0.02\mu m$ 膜过滤，或过滤几次。所制备的溶液应静置一段时间，依赖于样品，可能是 24h 至几天，以保证充分溶解。所有玻璃器皿必须严格地除尘，且没有划伤。强烈推荐在超净工作台中进行样品制备和放置仪器，保证灰尘污染最小化。如不遵守这些常规程序，肯定会导致较差或错误的结果。

极小的样品如水相溶液中蛋白质，也经常需要过滤。聚合物必须完成溶解，必须除去灰尘。

3. Zeta 电位测量样品的制备

对于 Zeta 电位测量的样品应该光学透明。最高和最低样品浓度可依赖于以下因素：粒子的光学性质、粒子粒径、粒子的分散度。

（1）Zeta 电位测试中的最低浓度　在 Zeta 电位测试过程中所需的最小光强为 20kcps。因此最低浓度取决于相对折射率差（粒子和溶剂间的折射率差值）和粒子尺寸。粒子的尺寸越大所产生的散射光越强，所需的浓度也就越低。举例来说，氧化钛粒子的水性悬浮液。氧化钛的折射率为 2.5，与水的折射率差较大，因此有较强的散射能力。因此对于 300nm 的氧化钛粒子，最小浓度可以为 $10^{-6}\%$ （w/v）。

对于折射率差很小的样品，比如蛋白质溶液，最低浓度会高很多。通常最低浓度需要在 $0.1\%\sim1\%$ （w/v）之间才能有足够的散射光强进行 Zeta 电位测量。

最终，对于特定样品进行一个成功的 Zeta 电位测量的最低浓度，应该由试验实际测量得到。

（2）Zeta 电位测试中的最高浓度　对于在本仪器的 Zeta 电位测量的最高浓度没有一个明确的答案。以上讨论的因素，如粒子的粒径、分散度、样品的光学性质，都应考虑。

Zeta 电位测量过程中的散射光在向前的角度收集，因此激光应该能够穿过样品。如果样品的浓度过高，则激光将会由于样品的散射衰减很多，相应地降低检测到的散射光光强。为了补偿此影响，衰减器会让更多的激光通过。

最终，样品的浓度范围必须由测定不同浓度下的 Zeta 电位的试验决定，由此来得到浓度对 Zeta 电位的影响。

多数样品要求稀释，这个步骤在确定最终测量值中是至关重要的。对有意义的测量，稀释介质也是非常重要的。所给出的测量结果，如没有提及所分散的介质，则是没有意义的。Zeta 电位依赖于分散相的组成，因为它决定了粒子表面的特性。

应用实例

用纳米粒度仪测量四氧化三铁样品的粒度及 Zeta 电位结果，如图 28-5 所示。

Size Distribution Report by Intensity

v2.2

Sample Details

Sample Name: Fe3O4-6 1

SOP Name: mansettings.nano

General Notes:

File Name: Si.dts		**Dispersant Name:** Water	
Record Number: 20		**Dispersant RI:** 1.330	
Material RI: 2.42		**Viscosity (cP):** 0.8872	
Material Absorbtion: 0.010		**Measurement Date and Time:** 2014年6月9日 11:04:03	

System

Temperature (°C): 25.0		**Duration Used (s):** 70
Count Rate (kcps): 193.4		**Measurement Position (mm):** 4.65
Cell Description: Disposable sizing cuvette		**Attenuator:** 9

Results

		Size (d.nm...	% Intensity:	St Dev (d.n...
Z-Average (d.nm): 3739	**Peak 1:**	734.7	100.0	57.96
Pdl: 0.844	**Peak 2:**	0.000	0.0	0.000
Intercept: 1.01	**Peak 3:**	0.000	0.0	0.000
Result quality Refer to quality report				

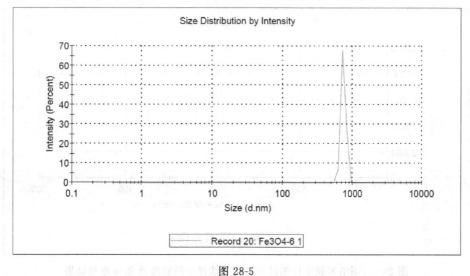

图 28-5

Zeta Potential Report
v2.3

Sample Details

Sample Name: Fe3O4-6 1

SOP Name: mansettings.nano

General Notes:

File Name: Si.dts		**Dispersant Name:**	Water
Record Number: 26		**Dispersant RI:**	1.330
Date and Time: 2014年6月9日 11:16:37		**Viscosity (cP):**	0.8872
		Dispersant Dielectric Constant:	78.5

System

Temperature (°C):	25.0	**Zeta Runs:**	12
Count Rate (kcps):	110.4	**Measurement Position (mm):**	2.00
Cell Description:	Clear disposable zeta cell	**Attenuator:**	6

Results

			Mean (mV)	Area (%)	St Dev (mV)
Zeta Potential (mV):	-6.70	**Peak 1:**	-6.70	100.0	4.84
Zeta Deviation (mV):	4.84	**Peak 2:**	0.00	0.0	0.00
Conductivity (mS/cm):	0.167	**Peak 3:**	0.00	0.0	0.00
Result quality	See result quality report				

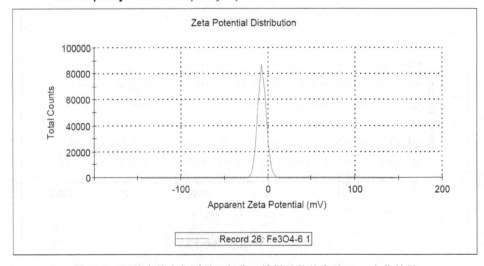

图 28-5　用纳米粒度仪测量四氧化三铁样品的粒度及 Zeta 电位结果

实验二十九

超高温激光共聚焦显微镜的构造、原理及应用

实验目的

1. 了解超高温激光共聚焦显微镜的原理及仪器装置。
2. 学习超高温激光共聚焦显微镜的使用方法。

实验原理

图 29-1 为激光扫描共焦显微镜。该显微镜结合共聚焦激光扫描、红外加热等技术,可以原位观察材料高温组织演化,是直观研究材料融化、凝固、高温拉伸、马氏体相变等过程的重要工具。系统激光共聚焦显微镜具有超越一般显微镜的景深和高质量的图像。该显微镜采用紫色激光器扫描照明成像,波长 408nm,扫描速度每秒 120 桢,最高分辨率 0.14μm。在材料研究领域打破了以往在这方面研究时只能依靠物理模拟方法的局限。可以对加热熔解或冷却结晶过程中的状态进行实时的观察。在计算机的控制下对试样的表面进行实时的三维观察、记录和存储。

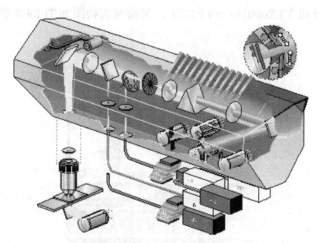

图 29-1 激光扫描共焦显微镜

激光共聚焦技术起源于 20 世纪 80 年代,比起传统显微镜共聚焦显微镜可以控制焦深、控制照明强度,从而降低非焦平面光线噪音干扰,也可以从一定厚度标本中获取光学切片。

原理:如图 29-2 所示,利用放置在光源后的照明针孔和放置在检测器前的探测针孔实

现点照明和点探测，来自光源的光通过照明针孔发射出的光聚焦在样品焦平面的某个点上，该点所发射的荧光成像在探测针孔上，该点以外的任何发射光均被探测针孔阻挡。照明针孔与探测针孔对被照射点或被探测点来说是共轭的，因此被探测点即共焦点，被探测点所在的平面即共焦平面。计算机以像点的方式将被探测点显示在计算机屏幕上，为了产生一幅完整的图像，由光路中的扫描系统在样品焦平面上扫描，从而产生一幅完整的共焦图像。只要载物台沿着 Z 轴上下移动，将样品新的一个层面移动到共焦平面上，样品的新层面又成像在显示器上，随着 Z 轴的不断移动，就可得到样品不同层面连续的光切图像。

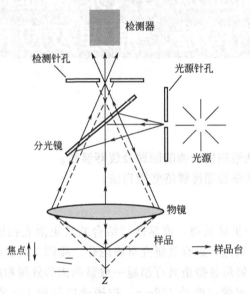

图 29-2　共聚焦显微镜工作原理示意图
——— 表示焦点内光线；- - - - 表示焦点外光线

实验仪器

日本 Lasertec 公司 VL2000DX-SVF17SP，实验室实物图如图 29-3 所示。

图 29-3　超高温激光共聚焦显微镜实物图

系统主要由高温加热炉、激光共焦显微镜、气流系统、冷却系统和温控系统等部分组成。

1. 高温加热炉（型号：SVF17SP）

采用 1.5kW，100V 卤素光源红外反射集光，形成 ϕ10mm×高 10mm 圆柱形超高温加热空间。卤素光源原理是在光源腔体内注入碘或溴等卤素气体。在高温下，升华的钨丝与卤素进行化学作用，会重新凝固在钨丝上，形成平衡的循环，避免钨丝过早断裂。因此，卤素光源会在产生高温的情况下很耐用。加热方式：红外集光成像加热，加热温度范围为室温至 1700℃（R 型热电偶），200～1750℃（B 型热电偶），最大加热速率：1000℃/min，最大冷却速率−100℃/s（He 气冷却）。可对应于惰性气体、大气、真空、还原性气体的气密构造椭圆球形反射集光室，没有多余的加热物和构造物、由隔离的光源进行成像加热，实现了高纯度的氛围，如图 29-4，图 29-5。坩埚类型有 ϕ9.0mm 氧化铝坩埚（内径 ϕ8.0mm×深 3.5mm），ϕ6.5mm 氧化铝坩埚（内径 ϕ5.5mm×深 3.5mm），ϕ5.0mm 白金坩埚。观察窗为耐高温石英玻璃，观察窗采用气流吹扫方式，使得窗上不会附着升华物，能够长期保持清晰的观察效果。

2. 激光共聚焦显微镜（型号：VL2000DX）

VL2000DX 为紫色激光，波长为 408nm。激光器的特点：方向性好，激光基本延直线传播；单色性好，$\lambda_\Delta = 10^{-8}$nm，高亮度，激光方向性好，其在空间上的能量分布是高度集中的。偏振性，激光为平面偏振光。它可以实现最快 120 桢/秒的高速扫描，从而对于快速变化的状态也可跟踪，得以实现动态对象的实时观察，如随温度而变化的金属材料组织相变过程、凝固过程、掺杂物的动态过程等。根据像素数可选择 60Hz、30Hz、15Hz 的扫描频率。SVF 系列采用了 VL2000DX 的高画质 1×～8×调焦功能，标准配置为 10×和 20×超长工作距物镜。另外，也准备了 5×、35×、50×的物镜。

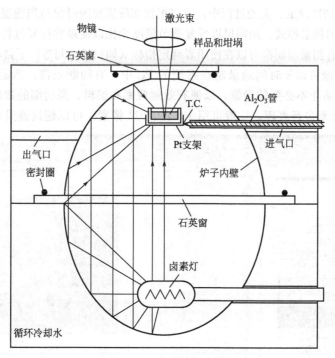

图 29-4　高温炉示意图

3. 高温程序控制系统

（1）可编程温度控制器（型号：SVF-PRC）　控制高温加热炉的升降温，其前控制面板如图 29-6。

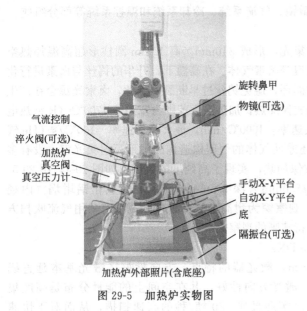

气流控制
淬火阀(可选)
加热炉
真空阀
真空压力计

旋转鼻甲
物镜(可选)

手动X-Y平台
自动X-Y平台
底
隔振台(可选)

加热炉外部照片(含底座)

图 29-5　加热炉实物图

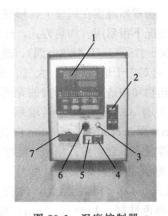

图 29-6　温度控制器

1—温度控制模块（REX-P300）；2—断路开关；
3—外部连接正常指示灯；4—加热器关闭开关＋指示灯；
5—加热器开启开关＋指示灯；6—手动←→自动转换
开关＋手动热功率设置旋钮；7—电流表

　　（2）高温程序控制软件（型号：HI-TOS）　温度控制程序有 16 个模式、16 区间，以及在监视器上简单地实现 PID 设定。实验过程中，可以根据实际需要随时保持当前温度，改变温度控制器的运行模式到定值控制模式。期间可以反复调节温度变化以便观察往复过程中材料组织及夹杂物的变化。实验所有测量画面都可以在使用者确定指标（如扫描时间等）下自动保存。

　　鲜明的数码图像可以长时间地录制在系统的 PC 中，有间断录像、指定时间/指定温度域的录像模式，可以防止不必要的录像，以便有效地观察和编辑。高精细的数码动态图像可以用最大 2048×2048 像素进行表现，一般可用 1024×1024 像素。可以超高速升温、降温，在温度

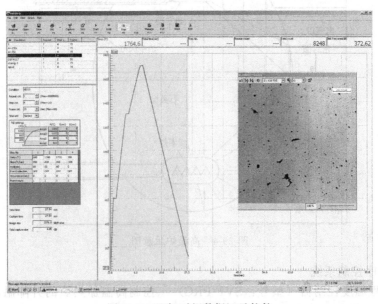

图 29-7　温度-时间数据记录软件

程序控制下可以手动以 0.1℃为单位控制温度。加热速度快，可在 30s 内由室温加热至 1600℃。采用 He 气体压入式急冷机构时最快可以达到－100℃/s 的急速冷却。工作页面如图 29-7。

此外，还有一些其他的附件，如真空泵（型号：VPT-030），对高温加热炉抽真空；水冷循环器（型号：CA-1112）冷却高温加热炉本体；氛围气体压送式急冷机构（最快－100℃/s、He 气有效），配合循环水冷，实现多重冷却共同作用；气体提纯装置，净化保护气体，如脱水、脱氧；变压器，将电压 220V 转换为 100V；台式隔振器，手动充气，保护显微镜主机免受振动影响。等等。所用这些，都是为了提高实验的安全和准确度。

实验步骤

（1）实验开始前，检查气体、循环水情况，以保证实验的顺利进行。

（2）按照坩埚的尺寸，切割出合适尺寸的样品。不需对试样进行预先处理（导电、非导电试样均可直接观察、测定，不需繁杂的事先处理，同时避免了试样预处理造成的失真）。

（3）打开主机，抽真空通气、水冷气冷，启动程序。

（4）根据实验要求的不同，须制定不同的实验参数，如：测量类型、升降温制度等参数设定，这些参数必须要和使用的设备种类、测量要求等完全对应，否则会影响测量结果的精度，甚至损坏实验仪器。

（5）实验参数完毕后，即可进行实验，此过程会由仪器自动进行，一般不需要人工干预；但实验过程中要时刻注意图像的清晰度和电流情况。

（6）实验结束后，保存结果。停止冷却水。关闭主机，关闭气体。

实验三十

超高温激光共聚焦显微镜观察试样熔融凝固过程

实验目的

1. 了解超高温激光共聚焦显微镜的条件。
2. 掌握超高温激光共聚焦显微镜实验的一般步骤。

样品准备

利用线切割将样品切割成高 3mm，直径为 7mm 的圆柱，抛磨好后准备实验。

实验内容及步骤

（1）将试样放置在坩埚中，取下固定盖子的四个螺丝钉，取下盖子时，将装有圆形铂片的坩埚放置在热敏托架上放入腔室。拧紧螺丝将炉盖上紧。

（2）抽真空，充入保护气体。打开真空泵开关，旋开抽气旋钮，将炉内抽真空，真空度达−100kPa。

打开气体阀门，调节气流计，向炉内通入氩气，此时要注意观察样品的情况，气流太大会将样品吹飞。炉内气压稳定后，关闭气体阀门，重新抽真空，充气，以保证炉内气氛的纯净度。当气体置换后通入氩气时，通过改变压力计上的数值及随意调整炉内气压。为了保证样品测试中不被氧化或与空气中的某种气体进行反应，需要真空泵对炉体内进行反复抽真空并用惰性气体置换。一般置换两到三次即可。

完成此步骤后关闭真空泵，因为真空泵的震动会影响录像的质量。如果在注入气体功能打开时进行水冷循环，可能发生冷凝现象，造成内部潮湿。这不但会造成反射镜的劣化，也会成为严重的安全问题。

（3）打开水冷气冷系统。氛围气体压送式急冷机构（最快−100℃/s、He 气有效）。配合循环水冷，实现多重冷却共同作用。加热炉子时，请确认水冷循环系统运转正常。请注意低温水冷循环器中水的用量及质量。

（4）开机。打开电脑；开启前控制面板上的电源开关，温度控制模块（REX-P300）开始显示；"加热器关闭开关"指示灯亮；打开样品控制台；打开紫色激光电源开关，可以通过显微观察对炉体内的样品进行观察。当旋转旋转鼻甲时，请注意不要通过诸如接触等途径对物镜造成损害。如需要，可拆卸旋转鼻甲。光源在加热时会变得很亮，这时，请不要裸眼直视光源。通过调节样品控制台可以选择观察样品的不同位置和清晰度。双击桌面上的图标，打开 HiTOS-D 应用程序，界面如图 30-1 所示。

（5）样品测试程序。以中碳钢熔融凝固测试为例，编写温度控制程序。

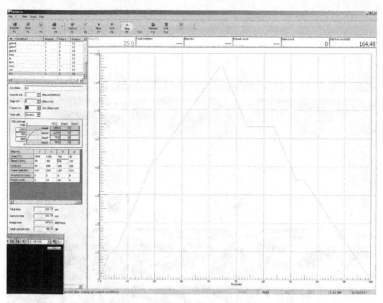

图 30-1　应用程序界面图

① 进入应用程序。

② 将页面左侧 Step cnt. 添上数字 6，表示该实验的控温程序为 6 步；在下面的程序表中填写控温程序，第一行第一步到 200℃，缓冲为了延长灯丝寿命。第二行为升/降温速率，降温时的降温速率为－50，对应的下面 Eventl selection，下拉菜单选择 Off，程序运行到该温度段时气体不会发生置换。第三行为温度到达设置的温度后的保温时间。最后一行为每步反应中的照片帧数，由此可以控制指定时间/指定温度域的录像模式，可以防止不必要的录像，以便有效地观察和编辑。

③ 温度控制程序编写完成后，页面右部的红色虚线为控温程序线，可以对控温程序一目了然。

④ 点击控温面板上的加热器开启开关，点击工具栏中的 On. 程序开始运行，实验开始。

⑤ 在实验过程中对样品进行监察，对图像的质量进行调整至最佳状态，对温度控制器上的电流表进行监控，以保证卤素光源的安全。

⑥ 实验完成后，点击工具栏中的 Save，将实验过程的实时录像存到指定的位置。

图 30-2 为实验进行过程中的凝固过程照片。

（6）结束实验。实验录像图片保存完毕后，非常重要的是，不要忘记关闭电源、气路及水冷循环系统等等，打开加热炉的上盖，用擦镜纸擦干高温炉内壁，清洁液使用无水乙醇或无水乙醚的混合液，混合比例：无水乙醇 30%，无水乙醚 70%。

刻录图像数据资料：应使用刻录光驱刻录，实验前应准备好刻录光盘。

注意事项

（1）实验室门应轻开轻关，尽量避免或减少人员走动。

（2）计算机在仪器测试时，不能上网或运行系统资源占用较大的程序。

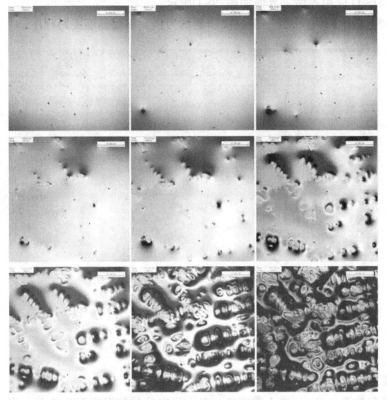

图 30-2　凝固过程原位观察图

（3）实验气氛：保护气体是用于在操作过程中对仪器进行保护。Ar、He 等惰性气体均可用作保护气体。保护气体流速一般设定为 50mL/min。开机后，保护气体开关应始终为打开状态。

（4）做实验前请戴上手套，避免在表面沾上指纹及油脂。

（5）坩埚的材质是铝或铂。高温状态下会引起多种状态变化及反应，试样会与坩埚及脱敏支架产生反应。请在实验前根据观察试样的特点，即状态、气体环境、压力及加热速度等条件认真选择坩埚的材质，避免其与高温区域的试样发生反应及焊接现象。建议在坩埚的底部放上圆形铂片。

（6）为了防止计算机病毒，严禁在共聚焦电脑上使用 U 盘、移动硬盘或者上网。未经授权，严禁自行安装任何软件。

实验结束后，小心盖上防尘罩。

实验三十一

超高温激光共聚焦显微镜观察马氏体相变

实验目的

1. 了解超高温激光共聚焦显微镜的条件和使用方法。
2. 掌握超高温激光共聚焦显微镜实验的一般步骤。

实验仪器

日本 Lasertec 公司 VL2000DX-SVF17SP，实验室实物图如图 31-1 所示。

图 31-1　超高温激光共聚焦显微镜实物图

系统主要由高温加热炉、激光共焦显微镜、气流系统、冷却系统和温控系统等部分组成。

操作条件

（1）实验室门应轻开轻关，尽量避免或减少人员走动。

（2）计算机在仪器测试时，不能上网或运行系统资源占用较大的程序。

（3）实验气氛：保护气体是用于在操作过程中对仪器及其天平进行保护，以防止受到样品在测试温度下所产生的毒性及腐蚀性气体的侵害。Ar、He 等惰性气体均可用作保护气体。保护气体流速一般设定为 50mL/min。开机后，保护气体开关应始终为打开状态。

（4）做实验前请戴上手套，避免在表面沾上指纹及油脂。

（5）坩埚的材质是铝或铂。高温状态下会引起多种状态变化及反应，试样会与坩埚及脱敏支架产生反应。请在实验前根据观察试样的特点，即状态、气体环境、压力及加热速度等条件认真选择坩埚的材质，避免其与高温区域的试样发生反应及焊接现象。建议在坩埚的底部放上圆形铂片。

样品准备

利用线切割将样品切割成高 3mm，直径为 7mm 的圆柱，抛磨好后准备实验。

实验内容和步骤

（1）将试样放置在坩埚中。

（2）取下固定盖子的四个螺丝钉，打开盖子，将装有圆形铂片的坩埚放置在热敏托架上放入腔室，请确保坩埚及托架的洁净，如果坩埚的外部与下端有污染物，可能不能紧贴在圆形铂片上。注意无论是试样还是试样管都不可掉入腔室内部。此外，请小心确认坩埚下端与试样托架上表面的接触是否足够安全。

（3）当将炉盖盖上炉体时，拧紧螺丝将炉盖上紧。拧紧螺栓，对角位置拧紧数次，将每个螺丝拧紧。请确认炉盖与炉体吻合良好。

注意：如果炉盖本身与炉体吻合不好，炉盖本身则会过热，O 形密封圈等会被热度损坏。不要在炉盖打开的情况下进行加热。这样做很危险。因为在红外线的加热下，加热炉附近变得很热。

（4）开机。打开电脑，开启前控制面板上的电源断路开关，温度控制模块（REX-P300）开始显示，"加热器关闭开关"指示灯亮。打开样品控制台，打开紫色激光电源开关，可以通过显微观察对炉体内的样品进行观察，当旋转旋转鼻甲时，请注意不要通过诸如接触等途径对物镜造成损害。如需要，可拆卸旋转鼻甲。光源在加热时会变得很亮，这时，请不要裸眼直视光源。通过调节样品控制台可以选择观察样品的不同位置和清晰度。

双击桌面上的图标![icon]，打开 HiTOS-D 应用程序，界面如图 31-2 所示。

（5）抽真空，充保护气体。打开真空泵开关，旋开抽气旋钮，将炉内抽真空，真空度达 −100kPa。打开气体阀门，调节气流计，向炉内通入氩气，此时要注意观察样品的情况，气流太大会将样品吹飞。炉内气压稳定后，关闭气体阀门，重新抽真空，充气，以保证炉内气氛的纯净度。为了保证样品测试中不被氧化或与空气中的某种气体进行反应，需要真空泵对炉体内进行反复抽真空并用惰性气体置换。一般置换两到三次即可。

完成此步骤后关闭真空泵，因为真空泵的震动会影响录像的质量。如果在注入气体功能打开时进行水冷循环，可能发生冷凝现象，造成内部潮湿。这不但会造成反射镜的劣化，也会成为严重的安全问题。

（6）打开水冷气冷系统。加热炉子时，请确认水冷循环系统运转正常。请注意低温水冷循环器中水的用量及质量。如果设备长时间静置不用，请记住将水冷循环器中的水排净。使用洁净的冷却水，如水龙头自然流出的水。不要使用工业用水。水管与冷却水的进水口/出水口相连接，请确认水管在设备开机使用前无泄漏。

（7）编写温度控制程序。以观察中碳钢马氏体相变为例，编写温度控制程序。

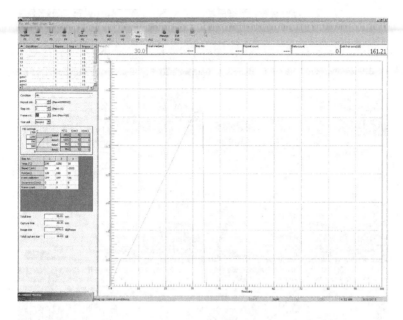

图 31-2　应用程序界面图

① 进入应用程序。

② 将页面左侧 Step cnt. 添上数字 6，表示该实验的控温程序为 6 步；在下面的程序表中填写控温程序，第一行第一步到 200℃，缓冲为了延长灯丝寿命。第二行为升/降温速率，降温时的降温速率为 -400，对应的下面 Eventl selection，下拉菜单选择 On，程序运行到该温度段时气体会发生置换，自动关闭氩气阀门，向炉内通入氦气。当气体置换后通入氦气时，通过改变压力计上的数值及随意调整炉内气压，可能对排气阀进行控制。第三行为温度到达设置的温度后的保温时间。最后一行为每步反应中的照片帧数，由此可以控制指定时间/指定温度域的录像模式，可以防止不必要的录像、以便有效的观察和编辑。

③ 温度控制程序编写完成后，页面右部的红色虚线为控温程序线，可以对控温程序一目了然。

④ 点击控温面板上的加热器开启开关，点击工具栏中的 On. 程序开始运行，实验开始。

⑤ 在实验过程中对样品进行监察，对图像的质量进行调整至最佳状态，对温度控制器上的电流表进行监控，以保证卤素光源的安全。

⑥ 实验完成后，点击工具栏中的 Save，将实验过程的实时录像存到指定的位置。

图 31-3 为实验进行过程中的凝固过程照片。

(8) 实验结束。实验录像图片保存完毕后，非常重要的是，不要忘记关闭电源、气路及水冷循环系统等等，打开加热炉的上盖，用擦镜纸擦干高温炉内壁，清洁液使用无水乙醇或无水乙醚的混合液，混合比例：无水乙醇 30%，无水乙醚 70%。

刻录图像数据资料：应使用刻录光驱刻录，实验前应准备好刻录光盘。为了防止计算机病毒，严禁在共聚焦电脑上使用 U 盘、移动硬盘或者上网。

未经授权，严禁自行安装任何软件。

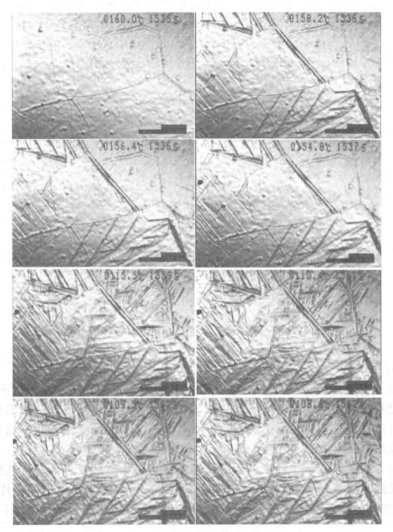

图 31-3　马氏体相变过程原位观察图

实验三十二

压汞法孔结构分析实验

实验目的

绝大多数固体材料，都是多孔材料。材料中孔隙的数量以及孔径的大小，对材料的性能具有很大的影响，尤其是显微气孔。孔结构，是研究材料相组成对材料性能影响的一个重要方面，是确定优质材料生产制造工艺应充分考虑的因素。

1. 了解压汞法孔结构分析的基本原理及仪器装置。
2. 学习使用 AutoPore Ⅳ 9500 孔结构分析仪测定多孔固体材料的孔径分布。

实验原理

假定多孔固体材料中的气孔为圆柱形，是人们普遍接受的具有实际意义的模型。由于液态汞与固体材料的接触角大于 $90°$，而且表面张力很大，对大多数材料具有不润湿性，因此难于侵入到小孔之中；利用外加压力可以克服表面张力带来的阻力，使液态汞填充到不同大小的气孔之中。迫使汞进入给定大小的孔隙所需的压力，符合拉普拉斯公式：

$$\gamma = -2\sigma\cos\theta/p \tag{32-1}$$

式中　γ——孔径，nm；

σ——汞的表面张力，常取值为 480dyn/cm；

p——压入汞的压力，psi。

根据所施加的压力，便可确定出与之相对应的孔径尺寸；由汞的压入量，可测定出气孔体积随孔径变化的曲线。

目前有三种方法测量压入汞的体积：高度法、电阻法和电容法。这三种方法都使用结构类似的膨胀计。

高度法，是用膨胀计的毛细管中的汞面下降的高度来反映汞体积的变化，这种方法要求毛细管的内径尺寸和度量刻度精度很高。

电阻法，通过测量膨胀计中铂丝的电阻变化来反映汞体积的变化。

电容法，膨胀计的细杆（毛细管）外镀一层金属膜（如钡银）作为一个极，毛细管内的汞作为另一个极，构成一个电容器。气孔体积数据，决定于经过高压分析残留在膨胀计的细杆部分的汞的体积。这是由于在低压分析阶段，膨胀计的细杆中充满了汞，到了高压分析阶段压力增大后汞进入样品中的气孔，空出了部分杆的位置。测量膨胀计的杆中汞的体积，决定于膨胀计的电容量，而该电容量随着被汞充满的细杆的长度而变化。经过低压分析和高压分析后部分汞进入了气孔之中，致使膨胀计的电容量减小，反映出材料中气孔的体积。

事实上多孔材料中的气孔，多是不规则的气孔。存在着一种进、出口处比气孔本身狭小的气孔，即墨水瓶孔。当压力提高大达到与气孔本身孔径相对应的数值时，汞却不能通过狭窄进口而充满孔洞，直到压力增加到与狭窄进口相对应的数值时，汞才能通过进口添满孔洞。因此，响应于这种压力的气孔体积的实验数据就会偏高，而且当压力逐步降低时，全部墨水瓶孔中的汞都被滞留，由此将发生降压曲线的滞后效应。由降压曲线的末端即可算出全部墨水瓶孔的容积。

实验仪器

（1）AutoPore IV 9500 孔结构分析仪一台，如图 32-1 所示。

（2）块体和粉体材料膨胀计各一支，如图 32-2 所示。

（3）电脑和打印机各一台。

图 32-1　9500 孔结构分析仪

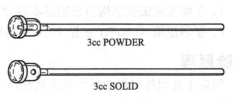

图 32-2　膨胀计

实验内容和步骤

1. 取样和样品处理

（1）选取的样品要求具有代表性。

（2）尽量切取样品、避免敲取，防止样品中形成二次气孔。

（3）要准确称重。适宜样品量＝膨胀计的杆体积×（25％～90％）/气孔率。

（4）在不破坏材料孔结构的前提下，干燥样品，使材料中的自由水全部排净。

2. 操作步骤

（1）空管校正及空白文件建立（对应着不同编号的膨胀计）

① 开机

顺序为：开氮气—开仪器—开计算机—进入 9500 操作系统。

② 选择样品管

a. 选择待用样品管。注意：样品管与密封件应成套使用！

b. 涂密封脂，封装完成后称重。

c. 取出低压仓中金属棒。

d. 称重后样品管放入低压仓，旋紧低压仓（不要过紧），装好测量筒。

③ 建立样品文件

a. 点击 file/open/sample information，屏幕上方为仪器提供文件名，如无特殊原因使用该文件名即可。点击 OK，yes，如图 32-3 所示。

b. 进入样品信息栏后可见四个卡片栏，依次为：样品信息（sample information），分析条件（analysis conditions），膨胀计性质（penetrometer properties），报告选项（report options），如图 32-4 所示。

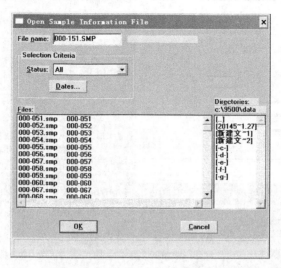

图 32-3　Sample Information 窗口

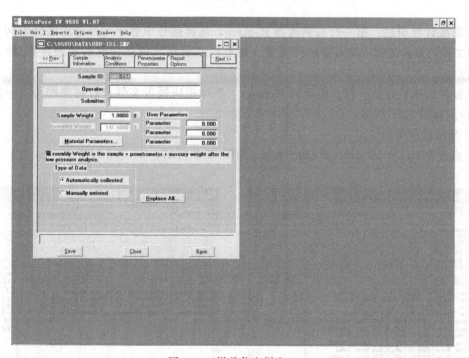

图 32-4　样品信息栏窗口

c. 样品信息栏由上至下依次填入：样品编号，分析人，样品提供者，样品重量，填完后进入下一个栏目。

d. 分析条件栏：第一行右侧选择 replace，选择相应分析条件文件进行替换即可（一般不需要替换）。如图 32-5 所示。

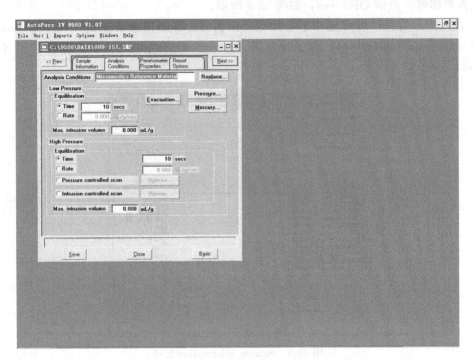

图 32-5　分析条件栏窗口

e. 膨胀计性质栏：第一行右侧选择 Replace，选择括号中数字与所选膨胀计前两位数字相同的文件，点击 OK。填入膨胀计重量（封装样品后装入低压仓前的膨胀计重量）。如图 32-6 所示。

f. 报告选项栏：第一行右侧选择 Replace，选择相应报告文件进行替换即可（一般不需要替换）。如图 32-7 所示。

④ 开始低压分析

a. 点击 Unit1/Low pressure analysis。如图 32-8 所示。

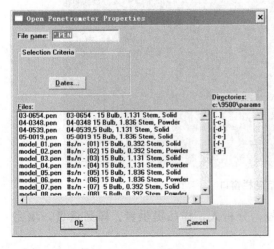

图 32-6　膨胀计性质栏窗口

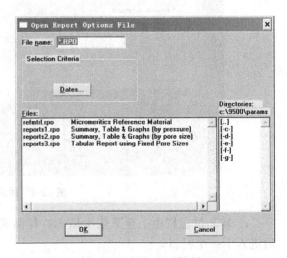

图 32-7　报告选项栏窗口

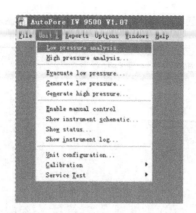

图 32-8　选择 Low pressure analysis

b. 点击 port1 标志后的 browse，选择刚刚建立的文件作为记录分析数据的文件。点击 next 检查以后每一步所列重量数据是否正确，至 Start 出现。如图 32-9 所示。

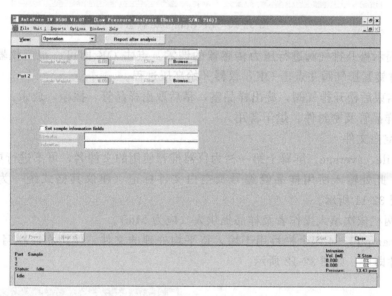

图 32-9　Start 出现

c. 分析结束后屏幕左下角将显示 idle，可取出样品管。取出样品管前应确认仪器面板上 Hg drained 灯亮。

d. 充汞样品管称重，记录其重量，准备进行高压分析。

⑤ 开始高压分析

a. 样品管先送入高压舱样品室，松开高压舱样品室手柄，缓慢地将高压舱样品室与样品管一同落下。达到半程后，将样品管送入高压舱内，并确认其与底座接触良好。

b. 将样品室落下，检查排气阀应打开，旋紧样品室。其间应观察到有高压油及气泡进入排气阀上方小杯中，此时可反复进行松-紧操作以确保气泡可以排净。

c. 点击 unit1/high pressure analysis。

d. 点击 browse，选择刚刚进行完低压分析的文件，注意选中后屏幕中上部将显示该文件的状态为 LP complete。如图 32-10 所示。

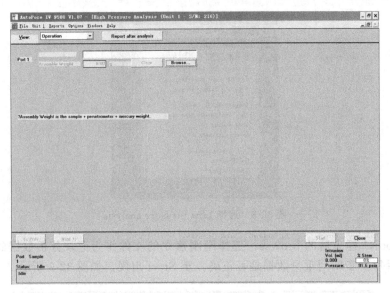

图 32-10　LP Complete 状态

e. 屏幕提示松开排气阀进行压力传感器的调零。点击 OK 即可。稍后仪器将提示旋紧排气阀，此时旋紧排气阀并点击 OK，仪器开始高压过程。

f. 分析结束后松开排气阀，旋出样品室，稍后取出样品管，擦净，放汞。

g. 清洗样品管及密封件。烘干备用。

⑥ 建立空白文件

a. 点击 file，average。屏幕上第一栏为仪器推荐使用的文件名，可不进行更改。第二栏为样品名称，此处输入所用样品管编号及空白文件标记（建议其格式统一为 XX-XXXX，blank）。如图 32-11 所示。

b. 以下两栏依次填入操作者及样品提供人（应为 Mic）。

c. 下部 sample1～4 四个栏目用于输入待平均处理的文件。使用相应栏目后 browse 选择待平均文件即可。如图 32-12 所示。

图 32-11　选择 Average

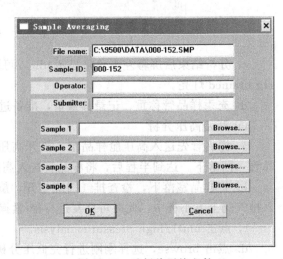

图 32-12　选择待平均文件

d. 点击 OK 即得到空白文件。以后每次使用该样品管进行分析操作时选择此文件即可。

⑦ 建立膨胀计文件

a. 空管校正过程应重复至少两次。得到至少两个空管运行文件。

b. 根据空管校正过程中得到的样品管重量（在低压分析前进行称重得到的重量）和样品管＋汞重量（低压分析结束后得到的重量），相减即为充满样品管所需汞的重量。根据室温可查出汞的比重，相除即得样品管的体积。

c. 两次分析所得样品管体积平均，作为样品管体积。

d. 点击 file-open-penetrometer properties，左上方蓝色区域为待建文件名，将文件名改为所校膨胀计上标注的系列号。

e. 第一栏选择 replace，在所得文件列表中选择括号中数字与所校膨胀计标号前两位相同的文件，点击 OK 即可。

f. Constant 栏改为膨胀计盒中标签上数值。

g. Volume 栏改为步骤 2 中所得该膨胀计体积。如图 32-13 所示。

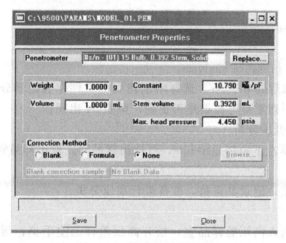

图 32-13　膨胀计体积选择

h. 其他三栏不需要改动。

i. 在 correction Method 栏中选择 blank，用 browse 选择上一步中所建立的空白文件作为基线。

j. 点击 save，close。该膨胀计文件即已建好。

⑧ 关机

顺序为：退出 9500 操作系统—关计算机—关仪器总电源—关氮气。

（2）样品分析操作步骤

① 开机

顺序为：开氮气—开仪器—开计算机—进入 9500 操作系统。

② 选择样品管及封装样品

a. 根据样品性质选择相应样品管。注意：样品管与密封件应成套使用！

b. 样品称重后放入样品管。

c. 涂密封脂，封装完成后称重。

d. 称重后样品管放入低压舱，旋紧低压舱（不要过紧），装好测量筒。

③ 建立样品文件

a. 点击 file/open/sample information，屏幕上方出现的文件名是仪器提供的文件名，其格式为：000-XXX。一般情况下选用该文件名即可。点击 OK，yes 后进入样品信息栏。

b. 样品信息栏共有四个卡片栏，依次为：样品信息（sample information），分析条件（analysis conditions），膨胀计性质（penetrometer properties），报告选项（report options）。

c. 样品信息栏由上至下依次填入：样品编号，分析人，样品提供者，样品重量。

d. 分析条件栏：第一行右侧选择 replace，在屏幕下方文件列表中选择相应分析条件文件（如：充汞压力选择 1.5psi，应使用 LanTan-2）进行替换即可。

e. 膨胀计性质栏：A)、第一行右侧选择 replace，选择相应膨胀计文件（如：05-0026）进行替换。B)、在 weight 栏（五个白色栏中左上角一栏）中填入膨胀计重量（封装样品后装入低压舱前的膨胀计重量）。

f. 报告选项栏：第一行右侧选择 replace，选择相应报告文件（LanTan）进行替换即可。

g. 点击 save，close。

④ 开始低压分析

a. 点击 unit1/low pressure analysis。

b. 点击 port1 标志后的 browse，选择刚刚建立的文件作为记录分析数据的文件。点击 next 检查以后每一步所列重量等数据是否正确，至 start 出现。

c. 点击 start 开始低压分析。

d. 分析结束后屏幕左下角将显示 idle，可取出样品管。取出样品管前应确认仪器面板上 Hg drained 灯亮。

e. 充汞样品管称重，记录其重量，准备进行高压分析。

⑤ 开始高压分析

a. 样品管先向上送入高压舱样品室，松开高压舱样品室手柄，缓慢地将高压舱样品室与样品管一同落下。达到半程后，将样品管送入高压舱内，并确认其与底座接触良好。

b. 将样品室落下，检查排气阀应打开，旋紧样品室。其间应观察到有高压油及气泡进入排气阀上方小杯中，此时可反复进行松-紧操作以确保高压舱中气泡可以排净。

c. 点击 unit1/high pressure analysis。

d. 点击 browse，选择刚刚进行完低压分析的文件，注意选中后屏幕中上部将显示该文件的状态为 LP complete。

e. 输入充汞后样品管重量，并点击 report after analysis，出现小对话框，选中分析后进行报告，OK 退出。

f. 点击 start 开始高压分析。

g. 屏幕提示松开排气阀进行压力传感器的调零。点击 OK 即可。稍后仪器将提示旋紧排气阀，此时旋紧排气阀并点击 OK，仪器开始高压过程。

h. 分析结束后松开排气阀，旋出样品室，稍后取出样品管，擦净，放汞。
清洗样品管及密封件。烘干备用。

⑥ 进行报告分析。

⑦ 关机。顺序为：退出 9500 操作系统—关计算机—关仪器总电源—关氮气。

⑧ 打印分析报告，分析报告见图 32-14，图 32-15，图 32-16。

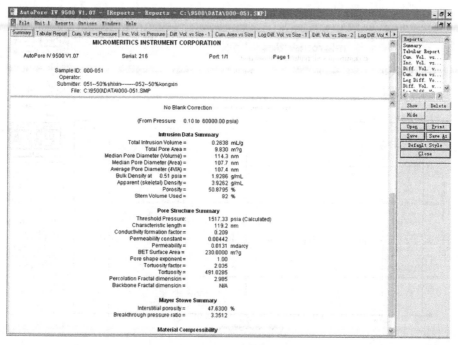

图 32-14 分析报告 1

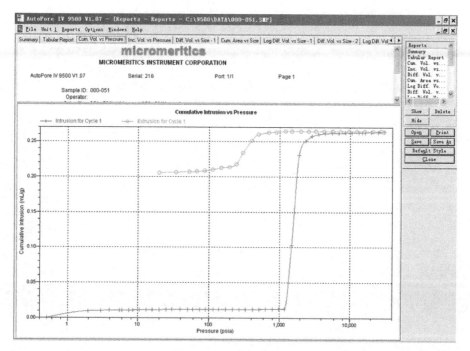

图 32-15 分析报告 2

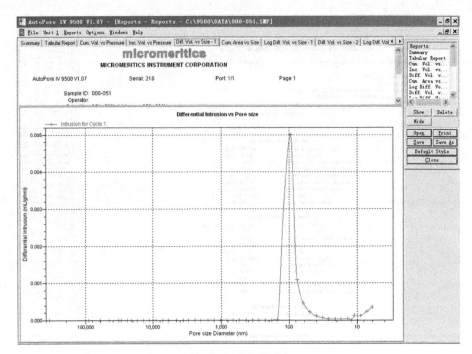

图 32-16　分析报告 3

实验三十三

核磁共振波谱仪

实验目的

1. 观察核磁共振稳态吸收现象。
2. 掌握核磁共振的实验原理和方法。

实验原理

用来检测和记录在磁场中的待测自旋原子核，吸收无线电波而形成的核磁共振吸收波谱，并进行结构分析的仪器，称为核磁共振波谱仪（NMR）。待测的自旋原子核在外磁场的作用下，使自旋能级发生分裂，其能级间的能量差 ΔE 取决于外磁场强度 H_0，即

$$\Delta E = \frac{\gamma h H_0}{2\pi} \tag{33-1}$$

式中，h 为普朗克常数，γ 为磁旋比，一定的原子核具有一定的磁旋比，如 H^1 核的 γ 值为 $2.6753 \times 10^8\,\text{rad}/(\text{s} \cdot \text{T})$。当以一定频率的无线电波照射外磁场 H_0 中的自旋原子核（如 H^1 核）时，若某一无线电波的频率 f 恰好与自旋能级差 ΔE 相适应时，即

$$\Delta E = hf \quad \text{或} \quad f = \frac{\gamma H_0}{2\pi} \tag{33-2}$$

则该频率的无线电波被待测原子选择性地吸收，处于低能态的原子核由于吸收此频率的无线电波而跃迁至高能态（即所谓的"核磁共振"）。核磁共振波谱仪就是将待测物质对无线电波的吸收情况以化学位移（常数）δ 作横坐标，以吸收强度作纵坐标，记录并绘制出核磁共振波谱（或核磁共振谱图）。

核磁共振波谱中的吸收峰组数、化学位移、裂分峰数目、偶合常数，以及各峰的峰面积（积分高度）等都与物质中存在的基因及物质结构有密切关系。因此，根据核磁共振波谱可鉴定和推测化合物（有机物）的分子结构。

NMR 仪的型号和种类很多，按产生磁场的来源可分为永久磁铁、电磁铁和超导磁铁三种；按磁场强度的大小不同，所用的照射频率不同又分为 60MHz（1.4097T），90MHz（2.11T）……按仪器的扫描方式又可分为连续波（CW）方式和脉冲傅立叶交换（PFT）方式两种。电磁铁 NMR 仪最高可达 100 MHz，超导 NMR 仪目前已达到并超过 600 MHz。兆周越大的仪器，分辨率和灵敏度越高，更主要的是可以简化谱图而利于解析。图 33-1 是一般 NMR 仪的示意图。

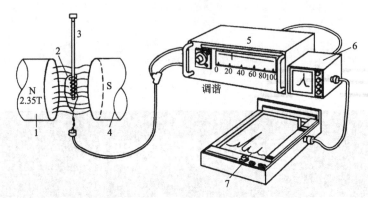

图 33-1　NMR 波谱仪原理图

1,4—磁体；2—射频线四；3—样品；5—发射机；6—接收机；7—记录仪

不论哪种类型的仪器，都由磁铁、探头、发射系统、接收系统和自动化、智能化记录器组成。

1. 磁铁

磁铁是用来产生一个恒定的、均匀的磁场，是关系到 NMR 仪灵敏度和测量准确度的部分。增大磁场强度可提高仪器的灵敏度。目前常用的磁铁有永久磁铁、电磁铁、超导磁铁三种。

2. 探头

又称检测器，是核磁共振仪的眼睛。为了得到更多的信息，探头也发展成许多种类，有单核、双核和多核探头之分。单核探头只能检测一种核，如 ^1H 或 ^{13}C 核探头；双核探头既可以测 ^1H 核，又可检测 ^{13}C 核；多核探头灵敏度高，可以测定 ^{19}F、^{31}P、^{15}N 等多种核，但灵敏度一般不如单核探头高。

3. 发射系统

它包括观察发射及去耦道发射，二者都由频率源，脉冲调制、功放、相移、计算机控制接口等部分组成。

4. 接收系统

首先是低噪声前放、超外差接收、中放、相敏检波、滤波、计算机 A/D 转换、傅立叶变换、相位校正、显示绘图等。目前好的谱仪都采用正交检波、相位循环。

5. 谱仪

自动保护，自动控制演变成一个专用的控制微机，而主机的数据处理也不断扩大，二维谱、谱分析、谱模拟等。

总之，NMR 谱仪采用了现代科学各方面的最新技术，发展成大型精密仪器，不断满足各种结构分析的需要，不断采用更新的技术，以便最大限度地扩大谱仪的功能。

实验内容和步骤

（1）按要求连线。用示波器观察共振信号，可以用扫场信号作为扫描信号，也可用示波器内扫描。测定边限振荡器的工作频率 f_0，而共振时，$f_0 = \gamma B_0 / 2\pi$（对质子 $\gamma/2\pi = 42.577\text{MHz}$）。对于质子，估计共振时磁场 B_0 的大小。

（2）利用高斯计把磁场调至共振磁场 B_0 附近。用纯水或纯水加 $FeCl_3$ 作样品，观察质子的核磁共振现象。改变下述条件观看核磁共振信号的变化：

① 改变射频场 B_1 的强度；

② 改变扫场振幅（因为扫场信号频率不变，相当于改变扫场强度）；

③ 缓慢改变 B_0 或 ν，找出共振信号，然后分别改变 B_0、ν 大小；

④ 观察顺磁离子的影响（比较纯水与纯水加 $FeCl_3$ 样品的共振信号）。

（3）用纯水作为样品，利用特斯拉计和频率计测出不同 B_0 时对应的共振频率 ν，作 B-ν 曲线，用直线拟合法求出 γ_H 和 g_H。

（4）用纯水和聚四氟乙烯作为样品，在相同的 B_0 时，分别测出 ^1H 核和 ^{19}F 核的共振频率 γ_H 和 γ_F。利用公式计算 γ_F 和 g_F。

参考文献

[1] 左演声等. 材料现代分析方法. 北京：北京工业大学出版社，2000.

[2] 常铁军等. 材料近代分析测试方法. 第2版. 哈尔滨：哈尔滨工业大学出版社，2005.

[3] 周玉等. 材料分析测试技术——材料X射线衍射与电子显微分析. 哈尔滨：哈尔滨工业大学出版社，1998.

[4] 杨南如. 无机非金属材料测试方法. 武汉：武汉工业大学出版社，2003.

[5] 胡志忠. 材料研究方法. 北京：机械工业出版社，2004.

[6] 黄新民. 材料研究方法. 哈尔滨：哈尔滨工业大学出版社，2008.

[7] 李晓生. 无机非金属材料物相分析与研究方法. 北京：中国建材工业出版社，2008.

[8] 王培铭，许乾慰. 材料研究方法. 北京：科学出版社，2007.

[9] 朱和国，王恒志. 材料科学研究与测试方法. 南京：东南大学出版社，2008.

[10] 张国栋. 材料研究与测试方法. 北京：冶金工业出版，2001.

[11] 常铁军等. 材料现代研究方法. 哈尔滨：哈尔滨工程大学出版社，2005.

[12] 胡耀东. X射线衍射仪在岩石矿物学中的应用. 云南冶金，2010，39（3）：61-63.

[13] 耿后安，张殿英，高良豪等. 烧结矿中亚铁的X射线衍射定量分析。物理测试，2007，25（4）：12-14.

[14] 蒲永平，吴建鹏，陈寿田等. 钛酸钡粉体四方相的XRD定量分析. 压电与声光，2004，26（4）：341-344.

[15] 潘荣伟，李晃，佟月宇等. 用K值法对硫铝酸钙含量进行定量分析研究. 无机盐工业，2013，45（6）：44-46.

[16] 杨于兴，漆浚. X射线衍射分析. 上海：上海交通大学出版社，1989.

[17] Grineva L D；Shilkina L A；Servuli V A，et al. X-ray and electrophysical studies of anisotropic PbTiO$_3$-based piezo-electric ceramics. Ferroelectrics，1994，154：95-100.

[18] 张源伟，尚勋忠，周桃生等. 残余内应力对大各向异性陶瓷材料性能的影响. 硅酸盐学报，2000，28（6）：545-549.

[19] 张俊. 镍基单晶高温合金的残余应力衍射测试与分析. 中国科学院金属研究所，2007.

[20] 崔永俊. 透射电镜真空系统的自动应急处理方法及其实现. 科学技术与工程，2013，13（18）：5287-5293.

[21] 方勤方，韩勇，葛江等. H-8100型透射电镜冷却系统所引发的故障及其维修方法3例. 电子显微学报，2011，30（6）：571-573.

[22] 蒋蓉. 导电纳米材料及非导电纳米材料的透射电镜薄样制备. 分析仪器，2011，（5）：38-40.

[23] 文博云，刘红荣，王岩国等. 透射电镜质厚衬度成像和衍射衬度成像及相互转换的实验技术方法. 分析仪器，2014，（2）：81-86.

[24] 朱佩平，袁清习，黄万霞等. 衍射增强成像原理. 物理学报，2006，55（3）：1089-1098.

[25] 张建辉，孙海博，王根明等. 采用选区电子衍射法测定人工机械心瓣热解炭的择优取向度. 中南大学学报（自然科学版），2013，44（3）：1006-1010.

[26] 张清敏，徐濮编译. 扫描电子显微镜和X射线微区分析. 天津：南开大学出版社，1988.

[27] L.恩格，H.克林格著. 金属损伤图谱金属失效的扫描电子显微镜研究. 北京：机械工业出版社，1990.

[28] 朱琳. 扫描电子显微镜及其在材料科学中的应用. 吉林化工学院学报（自然科学版），2007，24（2）：81-84，92.

[29] 李剑平. 扫描电子显微镜对样品的要求及样品的制备. 分析测试技术与仪器，2007，13（1）：74-77.

[30] 罗立强，詹秀春，李国会编著. X射线荧光光谱仪. 北京：化学工业出版社，2008.

[31] 王祎亚，詹秀春. X射线荧光光谱测定地质样品中27种组分分析结果不确定度的评估. 光谱学与光谱分析，2014，（4）：1118-1123.

[32] 张勤，于兆水，李小莉等. X射线荧光光谱高压制样方法和技术研究. 光谱学与光谱分析，2013，（12）：3402-3407.

[33] 陈忠厚，薛殿鹏. 熔融玻璃片法X射线荧光光谱测定铁矿石中的主次量组分. 有色矿冶，2014，（2）：101-104.

[34] 王蕾，崔迎. 仪器分析. 天津：天津大学出版社，2009.

[35] 付川，祁俊生. 原子吸收光谱法测定中药中微量元素. 光谱学与光谱分析，2003，23（3）：617-618.

[36] 张宇，周洪雷. 波谱解析. 郑州：郑州大学出版社，2010.

[37] 徐永群，陈小康，陈勇等. 红外光谱相似谱及其在中药鉴别中的应用. 光谱学与光谱分析，2012，32（8）：2131-2134.

[38] 张玉存，付献斌，刘彬等. 基于红外光谱大型筒类锻件热处理过程中温度场检测方法研究. 光谱学与光谱分析，2013，33（1）：55-59.

[39] 韦娜，冯叙桥，张孝芳等. 拉曼光谱及其检测时样品前处理的研究进展. 光谱学与光谱分析，2013，33（3）：694-698.

[40] 凌宗成，张江，武中臣等. 激光拉曼光谱技术在深空探测中的应用. 中国矿物岩石地球化学学会第14届学术年会

论文集.

[41] 刘振海，徐国华，张洪林编著. 热分析仪器. 北京：化学工业出版社，2006.

[42] 陆昌伟，奚同庚编著. 热分析质谱法. 上海：上海科学技术文献出版社，2002.

[43] 于伯龄，姜胶东编著. 实用热分析. 北京：纺织工业出版社，1990.

[44] F. W.麦克拉弗蒂著. 质谱解析. 北京：化学工业出版社，1987.

[45] 冯铭芬，杨淑珍著. 物相分析. 武汉：武汉工业大学出版社，1994.

[46] 沈清，杨长安. 差热分析结果的影响因素研究. 陕西科技大学学报（自然科学版），2005，23（5）：59-61，69.

[47] 夏郁美，韩莉，王世钧等. DSC测量中校正对热分析结果的影响. 分析测试技术与仪器，2014，20（1）：52-55.

[48] 李红英，王法云，曾翠婷等. 3Cr2Mo钢CCT曲线的测定与分析. 中南大学学报（自然科学版），2011，42（7）：1928-1933.

[49] 黄刚，吴开明，周峰等. 薄板坯连铸连轧生产65Mn钢的CCT曲线和淬透性. 材料工程，2012，（4）：52-55，61.

[50] 左碧强，王岩，米振莉等. 管线钢X80的CCT曲线研究. 热加工工艺，2010，39（4）：12-14.

[51] 宋美慧，武高辉，王宁等. Cf/Mg复合材料热膨胀系数及其计算. 稀有金属材料与工程，2009，38（6）：1043-1047.

[52] 徐强，王富耻，朱时珍等. 空位对$Sm_2Zr_2O_7$陶瓷热膨胀系数的影响. 稀有金属材料与工程，2007，36（z2）：541-543.

[53] 郑敏侠，辛芳，刘晓峰等. Mastersizer 2000型激光粒度仪技术参数对粒度分布的影响. 中国粉体技术，2013，19（1）：76-80.

[54] 于双双，杜吉，史宜等. 激光粒度仪光学系统设计方法. 红外与激光工程，2014，（6）：1735-1739.

[55] 杨海龙，王晓婷，王钦等. 压汞和气体吸附在纳米超级隔热材料孔隙结构表征中的应用研究. //第一届中国国际复合材料科技大会论文集. 2013：1099-1106.

[56] 肖海军，孙伟，蒋金洋. 水泥基材料微结构的反复压汞法表征. 东南大学学报（自然科学版），2013，43（2）：371-374.

[57] 陈蒲礼，王烁，王丹等. 恒速压汞法与常规压汞法优越性比较. 新疆地质，2013，（z2）：139-141.

[58] 张志超，黄霞，杨海军等. 生物除磷污泥胞外多聚物含磷形态的核磁共振分析. 光谱学与光谱分析，2009，29（2）：536-539.

[59] 张友杰，刘小鹏. 药物核磁共振定量分析参数的研究. 波谱学杂志，2007，24（3）：289-295.